欧洲花艺名师的创意奇思
OUZHOU HUAYI MINGSHI
DE CHUANGYI QISI

Structure

基础形状
架构
制作解析

〔比利时〕《创意花艺》编辑部 编
周洁 译

中国林业出版社
China Forestry Publishing House

欧洲花艺名师的创意奇思
基础形状架构制作解析

图书在版编目（CIP）数据

欧洲花艺名师的创意奇思．基础形状架构制作解析 / 比利时《创意花艺》编辑部编；周洁译．-- 北京：中国林业出版社，2021.4

书名原文：Fleur Creatif-lente（2015-2018）

ISBN 978-7-5219-1103-9

Ⅰ.①欧… Ⅱ.①比… ②周… Ⅲ.①花卉装饰 - 装饰美术 Ⅳ.① J535.12

中国版本图书馆 CIP 数据核字 (2021) 第 058046 号

著作权合同登记号　图字：01-2021-2055

策划编辑：	印 芳
责任编辑：	王 全
电　　话：	010-83143632
出版发行：	中国林业出版社
	（100009 北京市西城区刘海胡同 7 号）
印　　刷：	北京雅昌艺术印刷有限公司
版　　次：	2021 年 5 月第 1 版
印　　次：	2021 年 5 月第 1 次印刷
开　　本：	787mm×1092mm 1/16
印　　张：	15.5
字　　数：	260 千字
定　　价：	118.00 元

架 构

——现代花艺突破瓶颈的创意之源

传统插花中，花瓶、花盒等容器是支撑花材的支架，花材通过依靠容器壁面展露芳容。因此，容器插花成为日常生活中常见的花艺表现形式。花店的产品也总是离不开瓶花、礼盒、花束这老三样。身为花艺师的你，千篇一律的形式是不是让你感觉曾经充满魅力的花艺现在越来越单调、设计走进了死胡同？

不用灰心，还好有花艺架构。它是带您突破设计瓶颈，走出死胡同的创意灵感源泉。

花艺架构起源于西方，是将建筑的架构理念借鉴到花艺设计中。花艺中常见的架构有两种：一种是仅仅起支撑固定作用，用来放置花材。在作品里，架构不具备观赏元素，所以作品做完后，通常是看不见架构部分的。另一种架构是把架构元素融入到作品造型中，架构本身就是作品的一部分，所以这类作品的架构会裸露在外，以将各种花材等植物素材与它搭配在一起，形成一个整体作品。

架构的出现是世界花艺领域一次全新的革命，它不仅克服了插花容器的局限性，让花材突破容器的束缚，通过缠绕、黏贴、层叠、捆绑等方法和技巧，创造出更多的层次和空间。而且用到的制作材料也不再局限于花、叶、枝条、果实等植物材料，尼龙丝、铁丝、金属网、石头、砖块等非植物材料也经常被用到架构花艺里。

架构的材料、表现方式的丰富性，向花艺师开启了魔力大幕，激发无数的创作灵感。家居、酒店、会所、公司前台以及别墅样板间、秀场、艺术展示空间中，处处都可以用架构的形式来呈现花艺设计。

当然，架构绝不局限于艺术创造，同样可以应用于花店的商品设计中。如果您开花店，您可以尝试用架构花艺开拓了另一种可能性，比如把常见的花瓶替换成有创意的架构，从而变成独一无二的花器……这样，您可以不再只用最低的价格做着最传统的花艺买卖，而是用独一无二的彻底创新，跳出产品雷同的圈儿。

这套欧洲花艺名师架构创意系列图书，由浅入深，带你感受架构带来的创意魅力。设计师以其独特娴熟、却并不匠气的架构创作技法，让作品传情达意，顿添生活力。该册为上册，介绍了心形、星形、花帘、花毯、方体等基础架构的制作，是从业者非常实用的工具书。

目录 CONTENTS

欧洲花艺名师的创意奇思　基础形状架构制作解析

038 | 圆 & 环
Circle & Ring

- 040　树枝角叉的威力
- 041　榛子圆圈
- 042　三角形与圆形
- 044　独领风潮的大花蕙兰花帘
- 045　带玫瑰花心的木兰叶盘
- 046　绚丽花网
- 047　黄金松果
- 048　鲜花馅饼

008 | 心形 & 五角星
Heart Shape & Pentagram

- 010　"衷心"欢迎你
- 012　红瑞木枝条环抱中的玫瑰爱心
- 014　紫红色和橙色色调的欢快花心
- 015　繁花盛开的海洋之心
- 016　用芍药装饰的覆满叶片的心形花礼
- 017　丘比特之花箭
- 018　青苔片呵护下的娇艳春花
- 019　花毛茛爱心
- 020　双层折叠的白珠树叶片裙边花心

……

098 | 复活节蛋 & 巢
Egg & Nest

100 冬日暖巢

102 自制花巢与彩蛋

104 树枝巢中安稳坐

106 漂浮之卵

107 鲜艳生动的郁金香暖巢

108 色彩斑斓的鸟巢

110 春意萌动

……

050 红与黑的对比

051 珠宝般的团花雕饰

052 青橙色与红色的各式苹果

053 春色美景

054 动感圆圈

056 蘑菇激发的创作灵感

058 白棉花丛中的冬日玫瑰

060 天然冬景色调

062 柔美华丽的圆

063 夹紧的柳条

064 转瞬即逝的财富

066 不朽之圆

……

148 圆锥 & 圆柱
Cone & Cylinder

- 150 红白相间的圣诞彩树
- 152 色彩斑斓的金字塔
- 154 用花球和毛毡圆盘制作而成的圣诞树
- 156 悬垂的圣诞树
- 158 明亮闪烁的柳枝
- 159 粗糙向日葵中夹杂的娇美非洲菊
……

164 花帘 & 花灯
Curtain & Lantern

- 166 钢草帘幕中的夏日攀缘植物
- 168 大豕草茎杆垂帘
- 170 清新的白色与黄色夏日美景
- 172 螺纹花串
- 174 花景摇曳
- 176 复古花灯
- 178 亮黄色与红色
- 180 银杏叶与唐菖蒲的协奏曲
- 182 夏日之光花冠
- 184 枝型竹筒吊灯

欧洲花艺名师的创意奇思

目录 CONTENTS

基础形状架构制作解析

186 花毯 & 花球
Tapestry & Flower Ball

- 188　蓝蝴蝶
- 190　柔和的色彩与花材
- 192　绣球花和兰花的拼图挂毯
- 194　阳光明媚的秋色地毯
- 196　玫瑰果的蒙太奇
- 197　生态植物地毯
- 198　多姿多彩的桌旗

……

200 方体
Square Script

- 222　漂浮的郁金香方块
- 224　从孕育到绽放
- 226　漂浮、轻盈与通透
- 228　冲破木箱
- 229　金色卷须
- 230　龙血树立方体
- 231　打开浮木箱
- 232　鲜花盛开的红豆杉
- 233　多如牛毛的山毛榉叶片
- 234　聚集的仙客来
- 235　绚丽的枝条框架

……

fleurcreatif | 007

心形 & 五角星
Heart Shape & Pentagram

难度等级：★★☆☆☆

"衷心"欢迎你

花艺设计 / 克莱尔·卡利耶

材料 Flowers & Equipments

淡褐色、旋转弯曲的欧洲榛子枝条、淡绿色欧洲荚蒾、花毛茛、一叶兰心形花泥、绑扎铁丝、定位针

步骤 How to make

① 取两片一叶兰叶片，纵向切开，然后将其覆盖在心形花泥外边框表面；用定位针固定。修剪欧洲榛子枝条。将枝条缠绕在一起并沿着心形花泥外轮廓搭放；用绑扎铁丝将缠绕的枝条固定好。

② 用花艺专用胶带将铁丝缠绕包裹，然后用其将装饰好的心形架构固定。将所有鲜花插满花泥。最后，整理搭放在心形左侧的欧洲榛子枝条的造型，打造出一个起伏的曲面。

难度等级：★★★☆☆

红瑞木枝条环抱中的玫瑰爱心

花艺设计 / 伊凡·波尔曼

材料 Flowers & Equipments

红玫瑰、红色花毛茛、须苞石竹、
红瑞木
心形铁艺支架、心形花泥

步骤 How to make

将红瑞木细枝条编结并穿入铁艺支架中。将所有枝条边缘修剪整齐。接下来用绑扎铁丝将心形花泥固定在铁艺支架中。插入鲜花。首先，将须苞石竹插入花泥中，然后再插入花毛茛和玫瑰。

难度等级: ★★☆☆☆

花艺设计／简·德瑞德

紫红色和橙色色调的欢快花心

步骤 *How to make*

将彩色小木棍粘贴在心形花泥的外框表面。用亮丽缤纷的鲜花将花泥填满：紫红色和橙色的郁金香、花毛茛、还有白色的水仙花。最后用素馨枝条装饰花心周边。

材料 *Flowers & Equipments*

花毛茛和龙舌兰的杂交种、水仙、橙色和紫红色石竹、素馨、橙色和紫红色郁金香
经漂白处理的小木棍，将其涂成自己喜欢的颜色、心形花泥

繁花盛开的海洋之心

花艺设计／弗勒·德瓦尔斯基

难度等级：★★★☆☆

步骤 How to make

① 选用中空的心形花泥创作品。
② 用绳子缠绕花泥。在心形花泥的背面粘贴一张塑料薄板，然后用胶将贝壳粘到心形中间的薄板上。
③ 将花泥完全浸湿，插入鲜花等花材。最后，取几缕干草，先将胶水喷在草枝表面，然后再放置在装饰好的心形花泥表面，这样草枝就会固定在花泥上，并呈现出蓬松自然的效果。

材料 Flowers & Equipments

蓝盆花、玫瑰、芒草、蜡菊
中空的心形花泥、深浅不一的蓝色绳子、贝壳、胶枪、喷胶

难度等级：★★☆☆☆

用芍药装饰的覆满叶片的心形花礼

花艺设计 / 凯西·康勒

材料 Flowers & Equipments

芍药、绣球藤、鳞叶菊、埃比胡颓子叶片
心形花泥、定位针、双面胶、与叶片颜色相同的缝纫线、绑扎铁丝、粉色丝质纸

步骤 How to make

1. 用双面胶和定位针将叶片完全包裹覆盖在心形花泥外表面，然后用缝纫线固定。
2. 将花泥浸湿，然后将芍药和绣球藤花朵散布在心形表面。最后用卷曲的鳞叶菊枝条以及粉色丝质纸绳点缀收尾。

难度等级：★★★☆☆

丘比特之花箭

花艺设计 / 莫尼克·范登·贝尔赫

材料 Flowers & Equipments

银叶菊、粉色玫瑰、噻根草、一叶兰、花毛茛、茉莉、红掌、堇菜、桦木心形花泥

步骤 How to make

① 制作一个金属三脚架，中间带有一个能够支撑承重的圆形框架。在圆形框架的表面焊接几根锋利的插针，可以深深地刺入心形花泥的坚硬部分。

② 用一片薄薄的绿色彩虹花泥覆盖在心形花泥的外表面，将花泥装饰成绿色。用一叶兰叶片将心形花泥四周外边装饰覆盖。

③ 将水煮后去掉表皮的小树枝绑扎在基架底部，让这些小树枝偏向左侧呈扇形散开，但在右侧则汇集聚拢在一起。

④ 将（湿润的）心形花泥插在金属插针上，然后插入鲜花将其填满。堇菜和银叶菊应先放入鲜花营养管中，然后再插入花泥里。花心的右侧，将一叶兰叶片沿纵向折叠，并用夹子或别针固定住，以增强小树枝的动感效果。

⑤ 为了让整件作品的视觉效果更完美，可以将一叶兰叶片裁切成圆形，然后将它们放置在小树枝与桦树小木片之间。

难度等级：★☆☆☆☆

青苔片呵护下的娇艳春花

花艺设计 / 娜丁·范·阿克尔

步骤 How to make

将心形花泥浸泡在水中。用夹子将苔藓固定在心形花泥的外侧。将郁金香、风信子和银莲花花枝倾斜地插入花泥中。用一簇簇苔藓将花枝间的空隙完全填满。

材料 Flowers & Equipments

红色郁金香、风信子、银莲花、鹿蕊
心形花泥、夹子

花毛茛爱心

难度等级：★★☆☆☆

花艺设计／菲利浦·巴斯

材料 Flowers & Equipments

花毛茛、黑嚏根草、南方黄脂木（钢草）、茉莉花藤条、淡绿色欧洲荚蒾、须苞石竹、绿色洋桔梗
19cm×20cm 带塑料托盘的心形花泥、黄色细沙、喷胶

步骤 How to make

① 将喷胶喷洒在心形花泥的四周，然后在上面撒布黄色细沙。用黑嚏根草花朵以及须苞石竹打造鲜花花床，作为花艺基座。然后插入花毛茛，花毛茛花枝的高度应高于其他花材的高度。

② 用茉莉花藤条和钢草来装饰心形花泥的外框，以增强心形轮廓的视觉效果。将细沙撒在桌面上，在这颗鲜花爱心的起点和末端营造出变幻莫测的视觉效果。

双层折叠的白珠树叶片裙边花心

难度等级：★★☆☆☆

花艺设计\莎拉·温妮斯特

材料 Flowers & Equipments

北美白珠树叶片、郁金香、芙蓉、水仙、粉色多头玫瑰、粉色玫瑰、橙色玫瑰、花毛茛
心形花泥、粗铁丝

步骤 How to make

① 将北美白珠树叶片对折，然后用粗铁丝将折叠后的叶片串在一起，排成上下两排，围在心形花泥外周。
② 让叶片串将花泥外侧完全覆盖。接下来用不同颜色和花形的花材将心形花泥完全填满。

难度等级：★★☆☆☆

白绿色花心

花艺设计 / 迪特尔·韦尔库特维

材料 *Flowers & Equipments*
露兜树叶片、白色菊花、白色非洲菊、须苞石竹、姜瓜带托盘心形花泥、白色防水涂料

步骤 How to make

① 选用与所选材料颜色相搭配的涂料，将其喷涂在心形花泥表面。
② 用胶枪将干露兜叶片粘贴的花泥托盘周边。根据需要用定位针将叶片固定。
③ 将露兜树叶片彼此粘贴在一起。
④ 将鲜花插满花泥，最后搭配几枝毒瓜卷须枝条，整件作品完成。

难度等级：★★★☆☆

激情永恒

花艺设计 / 莫尼克·范登·贝尔赫

材料 *Flowers & Equipments*
苹果、各种花形的大花红玫瑰、蒲苇花穗、木制圆盘、粗糙的枇杷树皮、干露兜树叶片、花泥板、装订针、红色毛毡、红色花泥

步骤 *How to make*

① 将花泥板裁切成宽水滴形状（最好是用线锯进行裁切）。
② 将水滴状花泥浸湿。将未经加工的枇杷树树皮浸入水中约半小时，然后取出将其切成细条状。将这些小树皮条卷成小圆盘。同时用红色毛毡条也制作出一些毛毡圈。
③ 将金线缠绕在蒲苇花穗上。根据需要，可以将2条或更多条蒲苇花穗连接在一起，直至可以将其弯折成理想的长条状。
④ 先用红色毛毡条包裹在花泥板侧面，然后在毛毡条上面覆盖干露兜叶片。用长定位针固定。
⑤ 在绿色花泥表面覆盖上红色花泥片。
⑥ 在木制圆盘上钻几个小孔，将木签插入小孔中，这样就可以将装饰好的花泥固定在木圆盘上了，同时将木签粘在毛毡圈的毡层之间。
⑦ 将3个颜色、大小及形态各不相同的毛毡圈分散插于架构上。
⑧ 将制作好的长长的蒲苇条弯成U形放置在心形架构上。
⑨ 用鲜花将心形架构上的空隙填满，确保花枝插得高低错落有致。
⑩ 将小苹果放置在位于心形架构左侧的蒲苇花穗条之间，先将木签刺入小苹果中，然后插放在花泥上。
⑪ 在整个架构上随意选几处，让小苹果从花枝间自然垂下。

难度等级：★★★☆☆

早春鲜花编制的心形花环

花艺设计 / 阿丁达·萨普

> **材料** *Flowers & Equipments*
>
> 淡黄色嚏根草、欧洲银莲花、葡萄风信子、雪花莲、纤细的桦树枝条、千叶兰、长生草、珊瑚蕨、里白、大绢藓或其他种类的苔藓、欧洲落叶松设计师自创的边沿打孔的陶瓷碗、细花艺专用铁丝、鲜花营养管、冷固胶、铁丝或绑扎线

步骤 *How to make*

① 为了创作这件冬日花艺作品，专门设计了这个陶瓷碗形容器。这是一只边沿打有小孔的碗，可以将短金属丝（细小的黑色铁丝）穿过小孔来打造出所需的架构。

② 将长长的桦树枝条交错编织在一起，打造出一个优雅精致的心形架构。此外，在枝条间还连接固定了几支鲜花营养管。

③ 将基础架构打造好后，沿着心形架构的一侧将苔藓用冷固胶粘贴在桦树枝条上，并随意粘贴几棵长生草。另一侧的枝条表面则保持简洁朴素（寓意从冬季向春季转换的季节交替）。在这一侧的树枝上随意粘贴几颗松果球。

④ 将水注入营养管中，在寓意冬季的一侧，将雪花莲和嚏根草花枝插入水管中，然后将葡萄风信子、银莲花以及嚏根草插入另一侧的水管中，寓意季节转换。

⑤ 最后，将珊瑚蕨和里白搭放在冬季一侧，而象征着春日的一侧，则用千叶兰进行装点。

⑥ 在陶瓷碗里倒一些水，轻放上几朵嚏根草花朵，让它们漂浮在水面上。

难度等级：★☆☆☆☆

葡萄风信子拥抱淡粉色山茶花

花艺设计 / 简·德瑞德

步骤 How to make

① 用流动的水将葡萄风信子的鳞茎冲洗干净。
② 将葡萄风信子植株用夹子固定在心形花泥边沿。
③ 将山茶花叶片插满整个花泥，最后，插入漂亮迷人的山茶花花枝，整件作品完成。

材料 Flowers & Equipments

山茶、乳白色葡萄风信子
心形花泥

难度等级：★★★☆☆

傲雪白玫瑰

花艺设计 / 亨德里克·奥利维尔

材料 Flowers & Equipments
白色丰花月季
星形花泥、砂洗小黄麻棍、白色黄麻丝带、人造雪、喷胶、烛蜡、人造雪粉沫

步骤 How to make

① 将黄麻棍用手掰成长短相当的小木棍（用手掰断后小木棍呈现出参差不齐的断面，视觉效果更出色）。
② 取一块星形花泥，然后用胶枪将这些小黄麻棒粘贴在花泥外侧的框板上。选取几根较长的小木棍粘贴在星形的五个内顶角部位，这样就可以将整块星形花泥支撑起来。
③ 将热蜡液（烛蜡）洒在这些小木棍表面，营造出寒冷冬季的感觉。
④ 将制作好的星形架构放入水中浸泡。取出后将白色丰花月季插入花泥中。然后在整个作品表面喷上一层胶，再轻轻撒上一层人造雪粉沫。
⑤ 将黄麻丝带撕成小片，浸在热蜡液里，然后随意铺放在作品表面。

> **材料** *Flowers & Equipments*
> 细桦树枝、欧洲落叶松挂果枝条、花毛茛、玫瑰、万带兰、多花素馨、三种不同尺寸的星形花泥、圆形底板、螺纹杆（带螺栓的螺纹杆）、小石子、液态蜡（可用燃烧后的残蜡加热熔化制成）、鲜花营养管

难度等级: ★★★★☆

冰雪星塔

花艺设计 / 盖特·帕蒂

步骤 *How to make*

① 将星形花泥浸湿，然后将温热后的蜡液倾倒在三颗小星星上。准备好的小树枝也可以在蜡液中蘸一下。将四根带螺栓的螺纹杆插入圆形底板中。将尺寸最大的星形花泥打四个洞，然后顺着螺纹杆向下滑移。到达适宜的位置后将螺栓拧紧，然后按此方法插入第二颗星星，最后插入第三颗星星。

② 用桦树枝以及落叶松枝条将螺纹杆遮挡起来，然后将蜡液倾倒在整个架构上。用钻头或热的尖锐工具穿透星形花泥上的薄蜡液层，打出一些小孔，然后将花枝插入。将蝴蝶兰花朵先插入鲜花营养管中，然后再插入花泥上的小孔里，最后点缀上一些水晶饰品以及小石子……

难度等级：★★★☆☆

纤弱薄木片怀抱中的冬日鲜花

花艺设计 / 伊尔丝·帕尔梅尔斯

材料 Flowers & Equipments
唐棉、黑嚏根草、常春藤、白色火龙珠、多花素馨、千叶兰、袋鼠爪、花泥、烛蜡、炭素纤维片、木棍

步骤 How to make

① 将蜡液倾倒在湿润的花泥上，然后放置晾干。用胶水将小木棍粘贴在花泥外侧，每根木棍之间间隔约为4cm。然后在木棍外粘贴一层炭素纤维片，接着在木片上再粘一圈小木棍，如此交替进行，直至整个架构完全搭好。

② 最后将各式鲜花插入花泥中。

难度等级：★★★☆☆

破冰而出……

花艺设计/莫尼克·范登·贝尔赫

材料 Flowers & Equipments
南芙水仙、雪花莲、康乃馨、覆盖着的人造雪的松针、白色手工纸、白色塑料绑扎带、带边框的星形花泥、深灰色彩虹花泥板、带孔白色丝带、蜡

步骤 How to make

① 将彩虹花泥板切割成若干小圆盘状。将这些小圆盘状的花泥片放置在带边框的星形花泥表面，然后按照星形边框修整造型。接下来将蜡加热融化，然后用刷子将蜡液涂抹在深灰色花泥片的表面。可以多涂抹几层。同时将表面涂抹了蜡液的彩虹花泥片切割下一些小薄片，备用。待蜡液干燥后，花泥片表面就会出现裂纹，这样就能让它们看起来像是一块块破碎的冰块。

② 如果打算将花枝直接插入湿润的花泥中，应将花泥沿着周边慢慢浸湿，然后将手工纸粘贴在花泥外边框表面（不要让纸接触到花泥表面），然后再将花泥粘贴在墙面上。

③ 如果打算将所有花材先插入鲜花营养管中，然后再插入干花泥中，那么这步操作就无需进行。

④ 松针可以穿过表面的蜡层直接刺入下面的花泥中。

⑤ 先用白色古塔胶将鲜花营养管固定在锋利的插针上，然后像刺入松针一样，将其刺入花泥中，然后将水注入营养管。

⑥ 在星星的左侧，放置一条白色丝带。同样，我们可以先将热蜡液涂抹在丝带表面，然后待晾干后将丝带揉成小碎片。

⑦ 将备用的涂抹了蜡液的像碎冰块一样的彩虹花泥片用冷固胶粘贴固定在星形表面，同时也可以遮挡一下插在花泥上的小水管。

⑧ 将鲜花直接插入营养管中，康乃馨花枝也可以直接刺穿蜡层插入花泥中。

难度等级：★★☆☆☆

星形鲜花蛋糕

花艺设计 / 尼科·坎特尔斯

材料 Flowers & Equipments
须苞石竹、淡绿色玫瑰、淡绿色康乃馨、淡绿色孤挺花、乳白色玫瑰、桑皮纤维星形花泥、烛蜡

步骤 How to make

① 将星形花泥浸湿，包上家用锡箔纸，然后再用桑皮纤维纸缠绕包裹。
② 在花泥表面挖出一个孔洞，以便插入花材，然后将热蜡液倾倒在星形花泥表面。
③ 再次倾倒蜡液，直至花泥表面强度达到理想状态。
④ 然后将各式花材按品种分类成组插入花泥上的孔洞中，最后再插入几根天然小树枝作为装饰。

难度等级：★★☆☆☆

彩星门饰

花艺设计 / 夏洛特·巴塞洛姆

材料 Flowers & Equipments

芭蕉、绿色的松针、覆盖着蜡层的海棠果、浆果枝条、万带兰星形花泥、热熔胶、粗铝线、2颗螺钉、玻璃纸、胶带、电钻、铜线、尖头塑料小水管、木制星形装饰品

步骤 How to make

① 用玻璃纸将星形花泥缠绕包裹，并用胶带扎紧固定。
② 用粗铝线制作一个挂钩，用螺钉将其固定在星形花泥的背面。
③ 将芭蕉树皮块粘贴在星形花泥的外表面，插入绿色松针。然后用海棠果装饰星星，并将挂着浆果的小树枝粘贴在花泥上。
④ 将兰花插入塑料小水管中，然后将小水管插入花泥中。
⑤ 用铜线将一些木制小星星串成一个漂亮可爱的拉花，搭挂在这颗大星星上，为整件作品增添了几分趣味性。

难度等级：★★☆☆☆

星星与风灯

花艺设计 / 盖特·帕蒂

材料 *Flowers & Equipments*

桦树枝条
剑麻、剑麻绳、绝缘板、卷轴线、金属框架、银色铁丝、带蜡烛的玻璃风灯

步骤 How to make

星星的制作方法：
用绝缘板裁切出所需的星形造型。将剑麻铺满整个造型，然后用银色铁丝缠绕包裹。

小贴士： 如果你喜欢亮闪闪的星星，可以在星形造型上固定一些圣诞小彩灯，然后再铺上剑麻。

风灯的制作方法：
用剑麻绳缠绕金属框架，并将一些细树皮条穿插编织其中。在框架中间放入一盏带蜡烛的玻璃风灯。

圆 & 环
Circle & Ring

材料 *Flowers & Equipments*
金枝梾木
金属圆环、绑扎铁丝

难度等级：★★★☆☆

树枝角叉的威力

花艺设计 / 盖特·帕蒂

步骤 *How to make*

① 选择无分枝、直立的金枝梾木树枝，最好所有树枝的长度和柔韧性基本相同。

② 将树枝放置在金属圆环上，用铁丝将树枝两端固定。树枝的两端可能会略伸出圆环一点。第一根小树枝的摆放位置决定了整个架构中间敞口的直径大小。依次将每根树枝向上移动，并将它们绑扎在一起。待将所有树枝围绕整个圆环均摆放定位后，将架构之间突出的树枝末端折叠整齐即可。

难度等级：★★☆☆☆

榛子圆圈

花艺设计 / 简·德瑞德

材料 *Flowers & Equipments*
欧洲榛、荷花玉兰叶片、欧洲山毛榉、干燥的凤尾蓍枝条
锯、冷固胶、木制圆盘、双面胶、

步骤 *How to make*

① 用锯将一块木头锯成圆形。在偏离中心位置钻一个洞。
② 用双面胶将玉兰叶片粘贴在木圆盘背面。
③ 在木圆盘表面涂上胶水，然后将榛子一颗颗粘贴在木圆盘上，将整个圆盘覆盖。用凤尾蓍枝条和山毛榉叶片装饰在偏离中心的圆洞处。

难度等级: ★★★☆☆

三角形与圆形

花艺设计 / 盖特·帕蒂

材料 *Flowers & Equipments*

柳枝、万带兰、荷花玉兰叶片
涂成黑色的圆形木板、银色绑扎铁丝、
鲜花营养管、冷固胶、装饰性定位针

步骤 *How to make*

① 在黑色木板上钉入两排定位针。将绑扎铁丝连接在定位针之间。
② 将细柳枝弯折成三角形,将木兰叶片切成同样的形状,然后与三角形柳枝框粘在一起。
③ 将细柳枝在定位针之间弯折,打造出漂亮的线条图案。将制作好的三角形叶片框放入柳枝图案间,最后将万带兰插入鲜花营养管中,放置在柳枝间。

难度等级：★★☆☆☆

独领风潮的
大花蕙兰花帘

花艺设计 / 尼科·坎特尔斯

材料 Flowers & Equipments

白色大花蕙兰、爱之蔓

喷胶、两个金属圆环、毛线、玻璃鲜花营养管、玻璃圣诞主题小装饰品

步骤 How to make

① 在两个金属圆环表面喷涂少量粘合剂，然后用毛线在整个圆环表面缠绕包裹，营造出活泼欢快的视觉效果。

② 在打造好的两个圆环架构中间固定几只玻璃鲜花营养管。

③ 将大花蕙兰花枝插入鲜花营养管中，最后点缀几枝垂吊植物枝条，并悬挂一些玻璃小装饰品。

难度等级：★★★☆☆

带玫瑰花心的木兰叶盘

花艺设计 / 利恩·罗兰斯

步骤 How to make

① 将绝缘板裁切成圆形。用喷雾绝缘泡沫修整造型。
② 用玉兰树叶片覆盖整个圆形，并用夹子夹紧固定。
③ 用胶水将冻干玫瑰粘贴在圆形中间。

材料 Flowers & Equipments

荷花玉兰、冻干玫瑰
绝缘板、喷雾绝缘泡沫、夹子、胶枪

难度等级：★★★★☆

绚丽花网

花艺设计 / 莫尼克·范登·贝尔赫

材料 Flowers & Equipments

紫红色万带兰、橙色万带兰、沙枣树叶片
木制圆环、毛线、金线、棉线、冷固胶、铁棒、木块、鲜花营养管、金色的小晒衣夹

步骤 How to make

① 将木制圆环安装在铁棒上。将沙枣树叶片随意粘贴在木制圆环表面，将这个不对称的木制圆环装饰美观。
② 用两种颜色不同的羊毛、金线以及酒红色的棉线缠绕整个木圆环。
③ 将金线系在鲜花营养管上，将它们悬挂在圆环内圈的线绳交叉处。
④ 将万带兰插入营养管中，分散放置在圆环内。
⑤ 用金色的小晒衣夹将沙枣树叶片穿插交错地固定在线绳上。

难度等级：★★★☆☆

黄金松果

花艺设计 / 安尼克·梅尔藤斯

材料 Flowers & Equipments
松果球、西澳蜡花（又名蜡花、
淘金彩梅）、蛇叶、胡椒浆果
胶枪、冷固胶、木制心形装饰品、蜡

步骤 How to make

1. 将松果球排列在木制圆盘上，并用胶枪粘牢定位。将圆盘最外圈用浸过蜡的西澳蜡花花枝以及本色胡椒浆果枝条装饰一番，用冷固胶将这些花材粘牢固定。
2. 将蛇叶切割成小叶片用来装饰圆盘中心部位，最后在中心处放置一个木制心形装饰品。

难度等级：★★☆☆☆

鲜花馅饼

花艺设计 / 伊凡·波尔曼

> **材料** *Flowers & Equipments*
>
> 露兜树叶片、大波斯菊、不同品种的各色菊花、淡粉色玫瑰、大丽花、绣球、百日草、须苞石竹
> 花泥板、U形钉

步骤 *How to make*

① 从花泥板上裁切出一块圆形花泥块。
② 像切馅饼一样，从圆形花泥块上切下一小块花泥。将所有花泥块浸湿，然后用露兜树叶片包裹覆盖所有露出的花泥块的侧边，并用U形钉旋紧固定。
③ 接下来开始插花，首先插入大花型的花材，然后用剩余的花材填充空隙。用绣球花的小花朵装饰切下的小花泥饼，并将一枝淡粉色玫瑰点缀在上面。

难度等级：★★★☆☆

红与黑的对比

花艺设计 / 斯汀·库维勒

材料 Flowers & Equipments

红色单头玫瑰、红色桑树皮、聚苯乙烯薄板、黑色喷绘涂料、红色的圣诞装饰垫和亮光彩球、红色藤球、无烟煤煤块、黑色硅胶、结实的粗铁丝、胶枪、U形钉

步骤 How to make

① 将聚苯乙烯薄板切割成圆形，并将其喷涂成纯黑色。用粗铁丝制作一个小圈环，然后用红色桑树皮包裹覆盖。

② 用U形钉和胶水将装饰好的小圆环固定在聚苯乙烯板上端。将无烟煤煤块用黑色硅树脂粘贴在圆形薄板的正面，放置一天，晾干。

③ 当基础结构充分干燥后，用桑树皮制作一个似吊坠的造型，用几枝单头玫瑰，以及圣诞装饰物和藤球将吊坠中间的空间填满，然后将装饰好的吊坠固定在基础结构上。

④ 取一朵玫瑰花，摘下几片花瓣，将它们随意粘贴在作品上，整件作品完成。

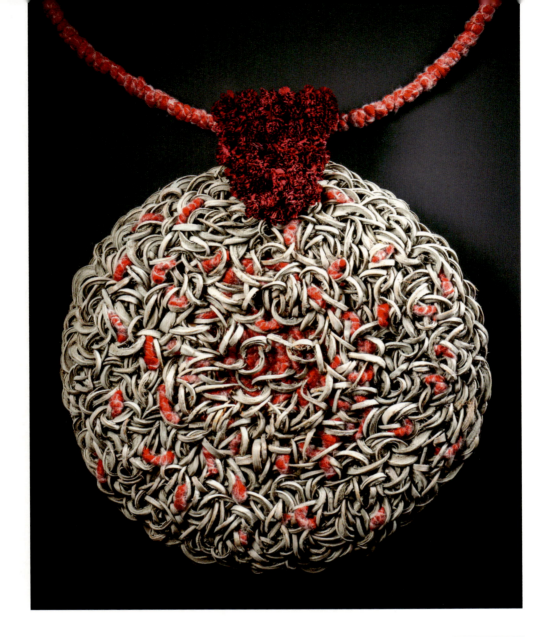

难度等级：★★★☆☆

珠宝般的团花雕饰

花艺设计 / 简·德瑞德

材料 Flowers & Equipments

深红色康乃馨、椰壳纤维块、木制圆盘

彩色羊毛线、毛毡条、花泥板

步骤 How to make

① 用锯将木板加工成一个直径约 70~80cm 的木圆盘。用红色毛毡条将木圆盘完全包裹覆盖。

② 用胶水将椰壳纤维块粘贴在木制圆盘上，先从最外圈开始粘贴。让这些小椰壳块拼成形似针织物的漂亮图案。也可以在椰壳块中间粘贴几条彩色毛线，在靠近圆盘中心的位置将毛线条粘贴得更多更密。

③ 在圆盘顶部切出一个 V 形切口。取一块花泥板，插入切口中，并用胶水粘牢固定。

④ 将康乃馨花枝插满花泥板。取一根结实的粗水管，用彩色毛线缠绕包裹，然后通过这根彩色管子将制作好的团花雕饰固定在墙面上。

难度等级：★★★☆☆

青橙色与红色的各式苹果

花艺设计／汤姆·费尔霍夫施塔特

材料 Flowers & Equipments
苹果、海棠等三种不同品种的苹果属植物的果实、竹叶 藤条、木签、框架

步骤 How to make

① 将干竹叶编织粘贴在一起，制作成圆盘状。将竹叶圆盘固定在藤条圈中间，同时用干竹叶将藤条圈覆盖包裹，这样先将木签插入苹果中，然后就可以通过木签很容易将苹果固定到圆盘上了。
② 用三种不同类型的苹果属植物的果实来完成设计：选用红色、深粉色和绿色的果实。
③ 将装饰好的水果圆盘固定在框架上。

材料 Flowers & Equipments
白色和淡紫色堇菜、淡绿色欧洲荚蒾、鱼骨令箭
玻璃小水管、木制圆盘、毛线

难度等级：★★★☆☆

春色美景

花艺设计 / 斯汀·库维勒

步骤 How to make

① 将小玻璃管固定在木制圆盘上。在木制圆盘的边缘切割一些小切口，将毛线缠绕在整个木圆盘上。将铁制基座与木圆盘固定在一起。

② 将鱼骨令箭叶片穿插在毛线网中，让叶片与毛线完美融合成一体，最后插入欧洲荚蒾和堇菜花朵。将几枚鸡蛋粘贴在木圆盘上。

难度等级：★★☆☆☆

动感圆圈

花艺设计 / 莫尼克·范登·贝尔赫

材料 Flowers & Equipments

大花型绿色菊花、大花型白色菊花、小花型绿色菊花、小花型白色菊花、蔓长春花、白色万带兰、小青苹果、北美白珠树

圆形石板、毛毡、花泥、花泥钉、花艺专用防水胶条、深灰色大圆盘

步骤 How to make

① 将三块花泥固定在最大的圆盘上。用花艺防水胶将花泥钉固定在圆形石板的底部。
② 将石板放在花泥上，通过底部的花泥钉就可以将石板与花泥固定在一起了。但是，我们要确保其中一块花泥完全显露出来。
③ 接下来将毛毡裁剪成又长又窄的毛毡条，将北美白珠树叶片钉在毛毡条上。然后将毛毡条卷成圆盘状。用相同绿色的毛毡条将叶放在托盘中的花泥外侧完全包裹起来。
④ 用冷固胶将毛毡 / 叶片圆盘固定在石板上。接下来将鲜花插入月牙形的花泥中。万带兰应先插入鲜花营养管中，然后再插放在其他各式鲜花之间。
⑤ 将小青苹果固定在牙签上，然后插入花丛中，与各式鲜花搭配协调。最后，在作品上搭放几枝蔓长春花枝条，增强作品的圆形外轮廓。

难度等级：★★☆☆☆

蘑菇激发的创作灵感

花艺设计/莫尼克·范登·贝尔赫

步骤 *How to make*

① 将大张手工纸用手撕成大小相等的矩形。
② 用一根结实的铁丝将这些矩形纸条串在一起。将纸串的两端连接在一起，形成一个圆形。将南欧紫荆和种荚零散随意地夹在纸片层之间。万带兰和非洲菊花枝应先插入鲜花营养管中，然后再放入纸层之间并固定。最后，用女贞果、竹节蓼枝条以及挂着毛茸茸果荚的铁线莲枝条收尾，并系上几根绳子作为装饰。将制作完成的整个作品放置在一个木质圆盘上，同时在绳子上以及花材间点缀几棵干蘑菇。
③ 这些层层叠叠的纸片层象征着蘑菇菌盖下面排列的片状结构。
④ 而整块木头不禁让人联想到一个巨型蘑菇。

材料 *Flowers & Equipments*

南欧紫荆、万带兰、非洲菊、女贞浆果、竹节蓼、挂着毛茸茸果荚的铁线莲枝条、干蘑菇
手工纸、木质圆盘、绳子

难度等级：★★★☆☆

白棉花丛中的冬日玫瑰

花艺设计 / 巴特·范·迪登

> **材料** Flowers & Equipments
>
> 棉铃、东方嚏根草、黑嚏根草
> 薄纱棉布 / 平纹棉布、卷装电缆管（具有很好的柔性，表面带棱纹）、胶枪、乳胶漆、花岗岩碗形容器 / 碗（直径45cm）、环状花泥、棉球、木签

步骤 How to make

① 首先，将薄纱棉布裁切成条状（薄纱棉布织得粗而松，流露出浓郁的生活气息），然后将柔性软管包在里面。将起始和最终的接缝处均用热熔胶粘牢固定。将用薄纱棉布包裹着的软管环绕在花岗岩碗的外表面，从碗的中部区域开始将软管呈螺旋状环绕，确保软管紧贴着花岗岩碗的外表面一直向下环绕，直至打造出一个全新的碗状造型！用热熔胶将这个螺旋造型粘牢，并擦掉多余的胶水。
② 待螺旋碗状造型完全定型后将中间放置的花岗岩碗移走。
③ 用同样的方法制作第二个碗，但是这次将软管放置在花岗岩碗的内表面。将软管放置在碗的内表面，然后按前述步骤操作，直至打造出一个中间带敞口的碗状造型。待两个碗状造型都制作好后，用白色乳胶漆将它们漆成与棉球和棉铃相近的颜色。
④ 将两个碗状造型放在一起。为了让整个结构呈现出更深邃、更具立体感的视觉效果，将尺寸小的碗状结构略微远离大碗中部区域，让小碗稍微向上凸出一点，然后用胶将它们粘牢固定。将环状花泥放置在中间敞口之外，让其四周正好与敞口边缘贴合，然后用胶粘牢固定，将棉铃、嚏根草以及棉球插满花泥。将木签粘在棉球上，然后用塑料薄膜覆盖在球体底部，这样棉球就不会从花泥中吸收水分了。

注意：这个花艺设计项目的目的是探寻一种适宜的方式，让棉花重新回归成为主要花艺材料，并让其成为此项目的关注焦点。因此我们在设计中使用了薄纱棉布以及棉球。

难度等级：★★★☆☆

天然冬景色调

花艺设计 / 莫尼克·范登·贝尔赫

材料 *Flowers & Equipments*
松果球、掌叶铁线蕨细枝条、棉铃、椰壳条、蛇叶
圆形花泥或绝缘泡沫塑料圆盘、漂亮的自然风格、深色手工纸或喷绘涂料、打孔机、细装饰铁丝、木制圆盘、带桑皮纤维的蜡质圆盘、圆形木制乳酪托盘、圣诞树小彩球、喷胶、双面胶胶带、粗铁丝

步骤 *How to make*

① 将手工纸裁切成圆形，其大小与圆形花泥块（或绝缘泡沫塑料圆盘）完全吻合。将两边剪长一点。

② 用喷胶将圆形手工纸粘贴在圆盘上。接下来将弯曲的椰壳条的末端插入花泥中，打造出一个向上拱起的圆形。有的椰壳条不太容易被弯折，所以根据情况用细铁丝将椰壳条绑扎在一起，打造出所需的造型。将棉铃球固定在不同高度的椰壳条上。用热熔胶将另外一些棉铃球直接粘贴在手工纸上以及椰壳条之间的位置。

③ 将粗铁丝绑在松果球上，然后直接插入花泥中。

④ 将装饰铁丝绑在圣诞树小彩球上，然后插入架构中。用打孔机在褐色蛇叶上切割出一些大小不同的圆片。将这些圆形小叶片粘贴在架构之间。

⑤ 在架构中加入一些圆形薄木片，以及用桑皮纤维装饰的蜡质圆盘。最好搭放上一些干枯的铁线蕨细枝条，作为点睛之笔。

⑥ 在奶酪托盘上放置一大张圆形深褐色手工纸，然后将制作好的作品摆放在托盘上。

难度等级：★★★☆☆

柔美华丽的圆

花艺设计 / 奥黛丽·加蒂诺

材料 Flowers & Equipments

绣球、淡紫色铁线莲、深蓝色穗花婆婆纳、常夏石竹、淡蓝色翠雀、白色翠雀、紫色带斑点的万带兰、赤箭莎带手柄和花托的花束花泥、塑料杯、木制托盘、米卡多游戏棒、银色铜丝、鲜花营养管、花艺小刀、剪线钳、尖嘴钳

步骤 How to make

① 将赤箭莎草和米卡多游戏棒插放在花束花泥四周。
② 将米卡多游戏棒穿插编入赤箭莎草中，打造出似展开的翅膀造型。
③ 用绣球花插满、覆盖整个花泥表面，然后再插入其他各色鲜花。将万带兰花枝先插入鲜花营养管中，然后再插入花束中。

难度等级：★★★☆☆

夹紧的柳条

花艺设计 / 盖特·帕蒂

材料 Flowers & Equipments
柳条
碗形容器、薄木板、细枝条、U形钉、半个大型塑料圣诞装饰物、电钻、铁丝、锯

步骤 How to make

① 将一块薄木板覆盖在碗的边沿，然后用锯将中间切掉，并将木板切割成一个圆形（圆环状）。

② 将柳细枝缠绕在这个木圆环上，然后在圆环背面用U形钉固定。在碗和圆环上钻几个孔，并用铁丝将用柳条装饰好的圆环固定在碗的边沿上。

③ 用同样的方法将一块圆形薄木板固定在碗中间。将细枝条铺放在碗形容器内，并用夹子将柳条固定于圆环边沿之下。用U形钉将这块圆形木板固定在碗的中央。为了将U形钉遮挡起来，可以将一个圣诞装饰物剪掉一半，然后固定在碗中央。

难度等级：★★★★☆

转瞬即逝的财富

花艺设计 / 莫尼克·范登·贝尔赫

材料 *Flowers & Equipments*

黄色绒球形大丽花、向日葵花盘、秋天杨树的落叶、柳兰果荚、小盼草、旱金莲

金属圆环、圆形花泥板、涂成白色的芭蕉树叶、树脂玻璃小水瓶、白色毛线、铁丝

步骤 *How to make*

① 用白色毛线将金属圆环缠绕包裹。将圆形花泥板的三分之一切除。
② 将芭蕉叶片剪切成长条状。将芭蕉叶片条用胶粘贴在只有三分之二的圆形花泥板上。粘贴时注意保持圆形轮廓。用铁丝将树脂玻璃小瓶绑起来，一根铁丝绑住两个小瓶，这样将它们悬挂在花泥板顶部时，就可以在正面放置一个小瓶，另一个放置在背面。将芭蕉叶片条粘在小瓶上，这样这些小水瓶就会被遮挡起来。粘贴在花泥板表面的芭蕉树叶条应长短错落，这样看上去会更自然。
③ 接下来将这些用铁丝绑扎好的小水瓶直接插入花泥板顶部。将水注入小水瓶中，然后插入鲜花。
④ 用定位针将柳兰果荚固定在底板上。最后，用胶将几片黄色杨树叶片随意粘贴在图案上。

材料 Flowers & Equipments
淡绿色欧洲荚蒾、松萝凤梨、白花虎眼万年青、荷花
钟形茶杯、水果、木板、木工胶、胶枪、皱纹纸、优质花泥

难度等级：★★☆☆☆

不朽之圆

花艺设计 / 文森特·卡韦利埃

步骤 How to make

① 将彩色皱纹纸覆盖在木板上。
② 将干荷叶放置在木板中间，圈定出一个圆形区域。用木工胶将荷叶粘贴固定在木板上。
③ 用胶枪将钟形茶杯以及小浆果沿着荷叶圈的外圈粘贴在木板上。
④ 将花泥塞入小茶杯中。将鲜花插入每只茶杯中，最后插入几枝松萝凤梨作为点缀。

难度等级：★★★☆☆

寒冷冬景

花艺设计 / 斯特凡·范·贝罗

材料 Flowers & Equipments

鳞叶菊、一叶兰、花毛茛、形态优雅、结实的枝杈、木制圆盘、白色盆景树造型枝条

金属圆环、装饰线、花泥片、铁丝、冷固胶

步骤 How to make

① 用装饰线将鳞叶菊枝条缠绕包裹在金属圆环上。

② 将花泥板裁切出一个不规则的形状。用铁丝将这块不规则的花泥板固定在圆环上。将一叶兰叶片上的叶脉去除，然后用定位针固定在花泥板侧面。最后一排叶片需用冷固胶粘牢固定。

③ 将花毛茛插满花泥板。选取两根形态优雅的盆景造型枝条，将它们放置在金属圆环上，让枝条与漂亮的花毛茛花朵一起沿金属圆环悬垂下来。

④ 将支撑枝杈涂成白色，然后固定在木制圆盘上，将装饰好的金属圆环直接放置在枝杈上。

难度等级：★★★★☆

嚏根草编织花环

花艺设计 / 莫尼克·范登·贝尔赫

材料 *Flowers & Equipments*

不同花色的东方嚏根草、南欧紫荆鲜花营养管、木板、定位钉、细绳、蜡绳、蓝绿色的装饰线、丝带

步骤 *How to make*

① 用锤子将定位钉钉到木板上，所有钉子等距离排列成圆形。将细绳绕着定位钉缠绕编织在一起，形成一幅美观漂亮的绳网。

② 将鲜花营养管固定在细绳上，然后将花色各异的东方嚏根草插入营养管中。

难度等级：★★☆☆☆

根皮花瓣

花艺设计 / 维姆·迭雷恩唐克

材料 Flowers & Equipments

经漂白处理的根皮、白色马蹄莲、粉色火龙珠、吊竹梅
粗铝线、白色花艺专用胶带、花艺胶

步骤 How to make

① 将粗铝线用白色花艺胶带缠绕，制作成一个小花环。
② 取一些经漂白的根皮条，沿着小花环的轮廓随意编织成瓣状。
③ 用一滴胶水将切下来的马蹄莲茎枝粘在一起，然后将连成一串的马蹄莲花枝编入花环中。
④ 最后用花艺胶将火龙珠小花枝以及吊竹梅叶片粘在花环中。

难度等级：★★☆☆☆

晶莹闪光的门饰花环

花艺设计 / 汤姆·德·豪威尔

步骤 How to make

① 用银色剑麻丝将稻草花环缠绕包裹，并用银色绑扎线扎紧固定。
② 将圣诞小彩灯环绕在花环四周，并用金属别针固定。
③ 将更多的剑麻丝缠绕在花环四周，同时用一些银色铁丝松松地环绕在周围，将剑麻丝活泼可爱的特点尽情展现。
④ 用胶枪将三角形米纸粘贴在剑麻丝上。
⑤ 将铝线缠绕在玻璃小水管外，留出一小段直接绑在花环上。
⑥ 在小水管中注入水，然后插入嚏根草花枝。

材料 Flowers & Equipments

嚏根草
稻草花环、德式别针或用一段铁丝弯曲制成发夹状、银色绑扎线、银色剑麻、圣诞彩灯、胶枪、三角形米纸、铝线、玻璃小水管

难度等级：★★☆☆☆

果香飘溢的花环

花艺设计 / 夏洛特·巴塞洛姆

材料 *Flowers & Equipments*

红瑞木、玫瑰果、荷花、海棠、玫瑰、万带兰

聚苯乙烯半球体、铜线、热熔胶和冷固胶、小号玻璃鲜花营养管、红色尼龙绑扎带、圣诞主题小装饰品、红色毛线球

步骤 *How to make*

① 将聚苯乙烯半球体的弧形部分切掉，不要对称切割，上部要比下部切得更深一点。
② 用胶枪将干荷叶覆盖在整个聚苯乙烯结构表面。
③ 在结构内部，环绕放置一些红瑞木枝条，并用冷固胶粘牢。
④ 将玫瑰果茎枝粘在红瑞木枝条之间。
⑤ 放上一些圣诞小饰品以及一些装饰小球，根据需要用胶水粘牢固定。
⑥ 用铜线将海棠果串起来，制作成拉花，悬挂于架构之上。
⑦ 用红色尼龙绑扎带将玻璃鲜花营养管固定在枝条之间，然后注入水并插入万带兰花朵。

难度等级：★★★☆☆

浪漫的椭圆形花环

花艺设计 / 安尼克·梅尔藤斯

材料 *Flowers & Equipments*
竹节蓼或其他植物的细枝条
大号稻草花环、毛毡绳、瓷制小鸟、干燥后的圣诞用花材、蜡

步骤 *How to make*

① 取一只大号稻草花环，将其弯成椭圆形。用毛毡绳缠绕包裹。轻轻地将一些干燥花材粘贴在毛毡上。用浸过蜡的竹节蓼细枝条将花环中心填满。

② 最后放上几只瓷制小鸟作为点缀。

材料 Flowers & Equipments
观赏草、千日红、大叶藻
稻草花环、蜡、圣诞小彩灯

难度等级：★★☆☆☆

稻草彩饰花环

花艺设计 / 安尼克·梅尔藤斯

步骤 How to make

① 用草束缠绕稻草花环，然后在花环表面涂一层蜡。为了营造出活泼、富有趣味性的效果，可以用一些大叶藻缠绕在花环上。
② 挑选三种花色不同的千日红，将它们的花朵直接粘在花环上。最后用圣诞小彩灯来装饰整个花环，营造出犹如童话般的梦幻氛围。

难度等级：★★★☆☆

酒红色花环

花艺设计 / 安尼克·梅尔藤斯

> **材料** *Flowers & Equipments*
> 酒红色干木枝、海藻、松果球、轻质花环、胶枪、绑扎铁丝、红色涂料、红色绳子

步骤 *How to make*

① 将一些酒红色的干木枝用胶粘在一起，打造出基础花环。

② 取一只轻质花环，将其与干木枝花环连在一起。然后再缠绕上一圈海藻。

③ 将松果球喷涂成红色，用红色绳子将它们随意串起来，然后将绳子系在花环上。

难度等级: ★★☆☆☆

石斛兰珍珠环饰

花艺设计 / 伊凡·波尔曼

材料 *Flowers & Equipments*

用作圣诞树的针叶树叶片、欧洲榛、石斛兰

直径 65cm 的环状干花泥、黑色缎带、圣诞树小挂件、竹签、小彩灯、铅块、玻璃鲜花营养管、夹子、粗绳子

步骤 *How to make*

① 用黑色缎带将环状干花泥缠绕包裹。
② 挑选一些个头稍微大一些的圣诞装饰品,在每个装饰品内插入一根竹签,并用热熔胶粘牢固定。将竹签刺穿缎带并插入干花泥中,并用胶水将这些装饰物粘牢定位。用夹子将一些小型圣诞挂件固定在花环内侧。然后在这些装饰品周围插入一些针叶树叶片,用夹子固定。将小彩灯放在黑色缎带上,并用夹子固定。然后在整个花环的顶部添加几枝欧洲榛树枝条,再用夹子夹紧固定。
③ 将鲜花营养管插入花泥中,注入水并放入石斛兰花朵。
④ 取一段较粗的线绳,用黑色缎带缠绕包裹。用铅块制作一个小坠饰,然后将其喷涂成金色。用粗线绳将坠饰穿起来。

难度等级：★★☆☆☆

雅致的圆环

花艺设计 / 巴特·范·迪登

材料 *Flowers & Equipments*

黄色袋鼠花、黄色嘉兰、黄色菊花、白色绿心菊花、绿色阿米芹、干草直径100cm的充气游泳圈、白色纸绳、壁纸胶和木工胶、白蜡、平头刷、防水的碗形容器

步骤 *How to make*

① 让游泳圈迅速充气而鼓起。用纸绳将游泳圈进行多层缠绕。用木工胶将壁纸胶稀释，然后涂抹覆盖在纸绳圈表面，待其晾干后再进行下一步。

② 将白色蜂蜡加热，用平头刷将蜡液沿纸绳缠绕的方向，垂直地涂抹在整个纸绳圈表面。多涂抹几层，打造出结实坚固的造型。待蜡液凝固后，整个圆环成坚实的固体状。将游泳圈放气后切成小块，然后把它从纸绳圈中取出。将制作好的带敞口的纸绳圈放入一个防水容器中，然后注入水。

③ 将纸绳圈的顶部切开一段，以便可以直接插入花枝。

④ 保留中间的敞口。在容器的底部放入几朵鲜花。最后，将一些干草搭放在花环上，让其自然舞动，营造出活泼有趣的视觉效果。

材料 Flowers & Equipments

薄椰壳片、燕麦、嚏根草
一大一小2个聚苯乙烯泡沫塑料圆盘、金属插针、玻璃鲜花营养管、喷胶、胶带、铁丝、木签

难度等级：★★★☆☆

明暗对比

花艺设计 / 拉尼·韦尔默朗

步骤 How to make

① 用透明胶带将第一个圆盘包起来（以便后面粘贴椰壳时可以用胶枪操作）。然后用胶将椰壳片一块挨一块地粘贴在圆盘表面。
② 用胶将燕麦片粘在第二个圆盘表面。
③ 如果能够多粘贴几层，所呈现出的视觉效果会更漂亮。
④ 接下来用木签将装饰好的两个圆盘连接在一起，然后将它们绑在花束插针上。
⑤ 最后，用铁丝将鲜花营养管固定在圆盘上。将嚏根草花枝插入营养管中。

难度等级：★★☆☆☆

马栗树花环上的动感郁金香

花艺设计 / 纳丁·范·阿克

材料 Flowers & Equipments
鹦鹉郁金香、法国郁金香、欧洲七叶树（别称马栗树）枝条、一叶兰叶片
金属框架（可自行设计外形）、黑色纸包铁丝、小水管

步骤 How to make

① 按照金属框架外形用纸包铁丝将马栗树枝条固定在框架上。用树叶将小水管包裹好，然后用铁丝将小水管固定在枝条间，并注入水。

② 将郁金香花枝穿插编入枝条间，花枝的末端插入小水管中。

难度等级：★★☆☆☆

动感旋转的郁金香

花艺设计 / 菲利浦·巴斯

材料 *Flowers & Equipments*

法国郁金香、柳树（带柔荑花序的枝条）、茉莉藤条
直径30cm的带基座环状花泥、白色喷漆、绿色绑扎铁丝、轴线

步骤 *How to make*

① 将环状花泥喷涂成白色。将所有枝条缠绕在一起，打造成鸟巢状。在枝条之间插入茉莉花藤条。用带有长长花茎的郁金香打造出具有动感的旋转造型，用修长的花茎来增强视觉效果。用轴线制作出一些较细小的夹子，将花茎和枝条用这些不显眼小夹子固定在一起。

② 最后，在整个花环顶面绕上几圈钢丝草（用绿色绑扎线制成）。

难度等级：★★☆☆☆

破茧重生

花艺设计 / 野田晴子

材料 Flowers & Equipments
嚏根草 带底座的金属圆环、卷曲的干树枝、小号鲜花营养管、蚕茧、细线

步骤 How to make

① 取一束枝条（大约 5 根），用细线将其绑扎在金属圆环上。
② 将小号营养管系在枝条上。将水注入营养管中，然后插入嚏根草花枝。
③ 最后，将蚕茧塞在枝条之间。根据需要，可用胶水粘牢固定。

难度等级：★★★☆☆

圆周运动

花艺设计 / 汤姆·德·王尔德

> **材料** *Flowers & Equipments*
> 嚏根草、西番莲卷须枝条、干露兜树叶片、漂白过的、柔软的柳条带颈的水滴形花瓶、粗盆景线、古铜色细线、可弯曲的纸板条、胶枪、铁制圆环、毛线、玻璃小水管

步骤 *How to make*

① 将古铜色铁丝缠绕粗盆景线（6根），然后用盆景线打造出一个星形结构，套在花瓶的颈部，并绑扎固定。这个架构将会像支撑臂一样支撑着各式各样的装饰圆环：用干露兜树叶片覆盖的硬纸板条圆环，用白色的柳条编织成的圆环，还有用与鲜花颜色相搭配的毛线缠绕包裹的铁圈。

② 将这些装饰圆环依次固定在用盆景线打造的星状结构上，然后将玻璃小水管固定在圆环中，将西番莲卷须枝条（需用小夹子将整条枝条定位固定在圆环上）以及嚏根草花朵插入小水管中。

难度等级: ★★★☆☆

永恒的花环

花艺设计 / 卡拉·范海斯登

材料 Flowers & Equipments

深红色菊花、红瑞木枝条
轴线、半圆环状花泥（直径18cm）

步骤 How to make

① 取一根柔韧性好的红瑞木枝条。这样更易弯曲成圆形。接下来将红瑞木细枝条编入基础圆环中，从枝条的最粗端开始，将细枝条环绕基础圆环缠绕。具体操作如下：从最顶部环绕至底部，再从底部绕至顶部，再到底部……直到将整条枝条全部缠绕在基础圆环上。之后，取第二根红瑞木细枝条，按同样方法操作。用相同的方法，一共制作出五个枝条圆环，每个圆环由2至3根红瑞木枝条制作而成。制作时应确保每次制成的圆环直径都较上一个略微小一点。然后将五个枝条圆环连接在一起。按照尺寸大小排列，将最大的枝条圆环放在底部，最小的放在顶部。这样就能打造出结实稳固的基础架构。

② 取一块半圆环状花泥，同时将一段轴线系到花泥末端的两个孔眼上。然后，将菊花茎枝剪短后插入花泥中。

③ 这样操作可能最终会有一些重叠。按此步骤操作三次。

④ 最后，通过已经固定在花泥两段的轴线将半圆环状花泥固定到圆环架构上。也可以将整个圆环基础架构制作得更紧凑小巧一些，这样就可以仅使用一块完整的环状花泥进行插花。

难度等级：★★☆☆☆

鲜花车毂

花艺设计 / 亨德里克·奥利维尔

材料 *Flowers & Equipments*

紫粉色带斑点的万带兰、白球花、紫藤藤条、漂白处理的芭蕉树叶片胶枪、修枝剪、小刀、冷固胶、12mm 花艺专用铁丝、绑扎线、鲜花营养管、直径 18cm 的聚苯乙烯泡沫塑料半球体

步骤 *How to make*

① 将芭蕉树叶片切成小片，用胶枪将它们粘贴在聚苯乙烯泡沫塑料半球体外表面。在半球体顶部粘上一块宽木板。再粘上一块绝缘板和一个花泥钉，这样待花泥球插入后，就可以呈现出从泡沫塑料球内延伸出大半个球体的视觉效果。将花泥球插在花泥钉上。
② 将花艺专用铁丝插入泡沫塑料球体内，每隔3cm插入一根铁丝，所有铁丝均穿过泡沫塑料球，并指向位于中心的花泥球。
③ 将藤条穿插交织在铁丝之间，直至编织成一个大约高10cm围栏。
④ 将鲜花营养管固定在藤条之间，并插入万带兰。将白球花花蕾枝条剪短后插入花泥球，然后用冷固胶将一些小花蕾粘在藤条上。

难度等级：★☆☆☆☆

枯叶与鲜花的强烈对比

花艺设计 / 拉尼·加勒

步骤 How to make

① 将叶片粘贴在聚苯乙烯泡沫塑料花环表面。将用叶片装饰好的花环放在环状花泥上，然后将各式鲜花插入花泥中。
② 将整个作品放置在木制圆盘上。

材料 Flowers & Equipments

蕃茄叶片、深橙色花毛茛、橙色簇状花瓣玫瑰、佛肚树、桉树叶
聚苯乙烯泡沫塑料花环、胶枪、环状花泥、木制圆盘

难度等级：★★★☆☆

紫圈

花艺设计 / 盖特·帕蒂

材料 *Flowers & Equipments*

绣球、龙胆、百子莲、带花苞的五叶地锦枝条

不同颜色的毛线、2个金属圆环、金属支架、环状花泥、粗铁丝

步骤 *How to make*

① 用粗铁丝将小圆环与大圆环连接在一起。用各色毛线将制作出的"新"圆环缠绕覆盖。用粗铁丝将环状花泥连接并固定在金属圆环背面。

② 将鲜花和浆果枝条插入花泥中。

材料 Flowers & Equipments

三色堇、东方嚏根草、淡紫粉色玫瑰、淡粉色带紫边玫瑰、橙粉色玫瑰、绣球、酸浆、蒲苇干花、苔草

藤条架构（藤条、结实的铁丝、小木棒和拉菲草）、普通蜡烛、暗粉色和酒红色的圣诞主题小装饰品、鲜花营养管、酒红色的铁丝、覆盖着纸和粗棉布的碗（用壁纸胶粘贴固定）、线绳

难度等级：★★★☆☆

摇曳闪烁的烛光

花艺设计 / 巴特·范·迪登

步骤 *How to make*

① 用藤条、结实的铁丝、柳条和拉菲草打造一个敞开式的作为插花基座的藤条架构。让整个架构略微向内侧倾斜。

② 将蜡烛插在木签子上，然后用线绳将其固定在藤条架构的底部，让蜡烛间隔均匀地排成一圈。

③ 将绣球干花和菊蒿干花用线绳绑紧并固定在藤条架构上。

④ 这个用干枝条打造的架构，"裸露"的轮廓无任何遮盖，营造出了冬日的寒冷萧瑟，但又透露出几分趣味性。

⑤ 将铁丝绑在鲜花营养管上，然后将它们分别固定在架构的内侧和外侧。将玫瑰插入鲜花营养管中，让其布满整个花架上，最后再将嚏根草和三色堇点缀在玫瑰花丛中。

⑥ 将几支苔草和一些酸浆果添加到作品中，让其更具循环动感，并营造出虚幻通透的视觉效果。

⑦ 挑选一些圣诞主题小装饰品，去掉顶盖，将它们沿架构外侧放置一圈。让这些小饰品的顶口保持敞开，这样看起来更自然。

⑧ 把装饰好的整个架构搭放在碗形容器上，将整个作品位置抬高。

复活节蛋 & 巢
Egg & Nest

难度等级：★★★☆☆

冬日暖巢

花艺设计 / 伊尔丝·帕尔梅尔斯

步骤 *How to make*

① 将蜡液倒入矩形底座的表面，静置2小时晾干，使表面硬化。
② 用花艺专用铁丝制作一个圆锥形架构，用胶带缠绕，将桑皮纤维纸撕成小碎片，覆盖在架构外表面。
③ 将铁丝绑在鲜花营养管上，然后直接插入底座表面的蜡层中。将鲜花插入营养管中。

材料 *Flowers & Equipments*

唐棉、白色小苍兰、千叶兰、白色迷你马蹄莲

蜡、花艺专用铁丝、胶带、桑皮纤维纸、鲜花营养管、铁丝

难度等级：★★★★☆

自制花巢与彩蛋

花艺设计 / 莫尼克·范登·贝尔赫

材料 *Flowers & Equipments*

经漂白处理的棕榈叶、不同品种的嚏根草、勿忘草、花格贝母、木通、欧洲荚蒾

石膏、涂料、金属框架基座、花泥、冷固胶、保鲜薄膜、毛毡

步骤 *How to make*

① 将金属框架喷涂成白色。

② 将白色棕榈叶浸泡，切成大小相等的条状，然后将叶片条覆盖在金属框架外表面，并用冷固胶粘牢固定。用熟石膏制作出完整的蛋形，然后再将这些石膏蛋打碎，在破碎的蛋壳内层涂上淡雅柔和的色彩。

③ 取几块花泥，用保鲜薄膜缠绕包裹。然后用与蛋壳内层色彩搭配协调的色调柔和的毛毡块将花泥包裹。将花泥放入蛋壳内，插入各色鲜花。

难度等级：★★★☆☆

树枝巢中安稳坐

花艺设计 / 斯汀·库维勒

材料 Flowers & Equipments

淡粉色多头玫瑰、淡粉色康乃馨、白色桑皮纤维、欧洲鹅耳枥、坚硬的椰子壳、淡粉绿色嚏根草、线叶球兰

托盘、铁丝网、胶枪、花泥、塑料薄膜

步骤 How to make

① 将鹅耳枥枝条插入碗形托盘内，中间留出具有一定宽度的敞口。

② 将坚硬的椰子壳塞满托盘，这样鹅耳枥枝条就会被椰壳卡住并固定住。将细铁丝网弯折制成卵形架构，中间留出一个洞，然后用热熔胶胶枪将桑皮纤维粘贴在铁丝网外表面。在"卵"的内部铺上一层塑料薄膜，然后插入花泥。

③ 在枝条之间以及卵的上方缠绕几根球兰卷须枝条。将嚏根草花枝分开，与淡粉色康乃馨以及玫瑰一起插入卵形架构内。

难度等级：★★★☆☆

漂浮之卵

花艺设计 / 伊凡·波尔曼

材料 *Flowers & Equipments*

贴梗海棠枝条、鹦鹉郁金香、柳条、花泥、鹅蛋

步骤 *How to make*

① 将花泥浸湿后放入碗形容器中，花泥顶面的高度应比容器顶边低约4cm。然后插入贴梗海棠枝条以及鹦鹉郁金香。

② 用柳条编织成一个网状结构，并将其固定在枝条之间。将几枚鹅蛋放置的柳条网上。

难度等级：★★☆☆☆

鲜艳生动的郁金香暖巢

花艺设计 / 约翰·范斯泰恩基斯特

步骤 *How to make*

① 用铁线莲卷须枝条制作鸟巢式架构，然后放置在一根树皮带有划痕的、砍去树梢的老柳树枝杈间。

② 将三种不同类型的重瓣郁金香以及流苏边郁金香的花茎呈顺时针摆放在缠绕在一起的枝条上。将薄荷绿色的鸡蛋摆放在鸟巢中间。

材料 *Flowers & Equipments*

铁线莲卷须枝条、流苏型郁金香
薄荷绿色的蛋

难度等级：★★★☆☆

色彩斑斓的鸟巢

花艺设计 / 莫尼克·范登·贝尔赫

材料 Flowers & Equipments

花毛茛、康乃馨、美洲石竹、散枝香石竹、欧洲荚蒾、木通、嚏根草
2种不同尺寸的带塑料托盘的花泥、木棒

步骤 How to make

① 将小木板粘在一起，打造出篮子造型。在花泥托盘上钻几个小孔，这样就可以将其放入木篮中并悬挂起来。将树皮条纹丝带系在木篮架构的两侧作为装饰。
② 将带托盘的花泥放置在木篮里并一起悬挂起来，让花泥顶面与木篮敞口同方向朝外，视线完全通透，然后将五颜六色的鲜花插入花泥中。
③ 将鸡蛋和鸭蛋涂成与鲜花色调一致的颜色。然后将这些彩蛋随意点缀在鸟巢中。

难度等级：★★☆☆☆

春意萌动

花艺设计 / 斯汀·库维勒

材料 *Flowers & Equipments*
须苞石竹、粉色玫瑰、橙色重瓣花毛茛、丝苇、铁线莲卷须枝条、鸵鸟蛋、花泥

步骤 *How to make*

① 用铁线莲枝条编制成鸟巢造型。将花泥塞入两个鸵鸟蛋蛋壳中，然后将玫瑰、花毛茛和须苞石竹插入花泥中。

② 在鸟巢中再摆放一些完整的蛋和蛋壳，最后将几条丝苇枝条点缀其中。

难度等级：★☆☆☆☆

孤挺花环抱中的鸟巢

花艺设计 / 汤姆·德·豪威尔

步骤 *How to make*

① 围绕着整个大树桩的边缘钉一圈钉子。
② 将长橡皮筋随意地绑在钉子上，这些橡皮筋交织在一起形似鸟巢造型。
③ 将鸵鸟蛋放置在打造好的鸟巢中。用夹子将黄瑞木枝条和无纺布纸随意夹在橡皮筋之间，将孤挺花花枝以及欧洲荚蒾枝条插入玻璃鲜花营养管中，同样用夹子夹在枝条之间。

材料 *Flowers & Equipments*

黄瑞木、淡绿色孤挺花、欧洲荚蒾、柳树大树桩
钉子、玻璃鲜花营养管、长橡皮筋、环保无纺布纸、鸵鸟蛋

难度等级：★★★☆☆

绚丽多姿的复活节爱巢

花艺设计 / 娜塔莉亚·萨卡洛娃

步骤 How to make

① 用桦树枝条和塑料薄膜制作一条长约3m宛如"长蛇"一样的枝条绳。将这条"枝条长蛇"打造成鸟巢造型，其高度要足以放入一个带花泥的圆形容器。

② 用与树枝颜色相似的喷绘涂料将容器边缘涂上颜色。将鹅蛋喷涂成鲜艳明快的颜色，放置晾干后将它们粘在木签子上。用各色鲜花装饰容器。将万带兰花枝插入透明的鲜花营养管中，然后插入鸟巢架构中。最后用冷固胶将一些桦树叶片粘贴在架构中。

材料 Flowers & Equipments

万带兰、花毛茛、欧洲荚蒾、须苞石竹、欧洲山毛榉

带有花泥的圆形容器、喷绘涂料、装饰性卷轴线、冷固胶、鹅蛋、透明的鲜花营养管

难度等级：★★★★☆

优雅迷人的花篮

花艺设计 / 斯特凡·范·贝罗

> **材料** *Flowers & Equipments*
>
> 红瑞木、火龙珠、嘉兰
>
> 铁丝、古塔波胶、金属支架、带托盘的干花泥、聚苯乙烯泡沫塑料圆锥体、木签子、毛毡、鲜花营养管

步骤 *How to make*

① 用铁丝制作出坚固、结实的框架。首先，用古塔波胶将铁丝缠绕包裹，然后将整个框架喷涂成红色。将红瑞木枝条背靠框架固定。枝条与枝条之间，以及枝条与框架之间的连接点要足够多，以确保打造出形态自然而优美的架构！

② 将制作好的架构放置在放有干花泥盘的金属支架上。将聚苯乙烯泡沫塑料圆锥体倒过来放在花泥盘上面，然后用红色毛毡／毛线缠绕包裹。用木签子将花泥球固定在圆锥体顶部。将火龙珠插满花泥球。

③ 用毛线填满架构内剩余的空间，让毛线自然卷曲，营造出生动有趣的动感效果。根据需要将毛线粘牢固定。将鲜花营养管插放在毛线丛中，将嘉兰花枝插入营养管中。

难度等级：★★☆☆☆

精致优雅的结构

花艺设计 / 伊尔丝·帕尔梅尔斯

材料 *Flowers & Equipments*

粉色多头玫瑰、橙色多头玫瑰、深粉色玫瑰、爱之蔓、橙色萼距兰、环保可降解花泥盘、热熔胶、冷固胶、扁平藤条、鹌鹑蛋

步骤 *How to make*

① 将扁平藤条环绕花泥盘放置，一边缠绕藤条一边增加藤条圈的高度，这样环绕着花泥盘打造出一个藤条圈容器。
② 将鲜花插入花泥中，最后点缀一圈爱之蔓，并放上一朵橙色萼距兰作为装饰。

难度等级：★★★☆

装饰性小花蛋

花艺设计 / 娜塔莉亚·萨卡洛娃

材料 Flowers & Equipments

紫叶李、葡萄叶铁线莲、观赏草 1.8mm 铁丝、1.4mm 铁丝、原木色绑扎线、冷固胶、纺织品、透明鲜花营养管

步骤 How to make

① 取两根铁丝，弯折成卵形，然后绑牢。用6根30cm长的铁丝制作支架，将这6根铁丝一端平分为二份，作为基座，另一端则平分为三份，作为稳定牢固的支撑脚。将"卵形"结构较大的一头安放在基座端，下方为三个支撑脚。用原木色绑扎线将整个"卵形"结构的铁丝全部缠绕包裹，在架构的几处连接处多缠绕几圈，以紧固定位。然后用绑扎线将铁丝（较细的铁丝）缠绕包裹后固定在卵形架构上，与纺织品交织在一起，打造出一种光线通透的视觉效果。

② 取一只透明的鲜花营养管，将其系到其中一根铁丝上，然后注入水。将紫叶李花枝和一枝葡萄叶铁线莲花枝插入营养管中。

③ 最后，点缀几缕观赏草。

难度等级：★★☆☆☆

枝条交错中乍现春光

花艺设计 / 伊凡·波尔曼

材料 *Flowers & Equipments*
弯曲的垂柳枝条、花毛茛、郁金香、
淡绿色欧洲荚蒾、花格贝母
环保可降解花泥盘

步骤 *How to make*

① 将环保可降解的花泥盘的边沿切掉,使托盘顶边与花泥顶面持平。将花泥浸湿。将弯曲的柳条编在一起,环绕花泥盘放置,打造成鸟巢造型,并用铁丝绑扎固定。

② 将各式鲜花插入花泥中,花枝应插放紧密,将整块花泥完全填满。

难度等级：★★☆☆☆

金黄色复活节

花艺设计 / 温纳·克雷特

材料 *Flowers & Equipments*

垂枝桦枝条、大叶藻、黄水仙、黄色花毛茛、小苍兰、淡绿色欧洲荚蒾
直径30cm的环保可降解花泥盘、卷轴铁丝、冷固胶、鹌鹑蛋、直径1.5mm的花艺专用铁丝

步骤 *How to make*

① 将垂枝桦的细枝条剪切成长约40cm的小树枝。
② 用卷轴铁丝将这些小树枝绑扎在一起，制成两条拉花，每条约2m长。
③ 将两条拉花环绕花泥盘，打造出鸟巢形架构。用卷轴铁丝加固鸟巢，确保架构整体更加牢固稳定。
④ 将大叶藻加入架构中。插入鲜花，让花枝自然地融入到鸟巢中。最后，将几枚鹌鹑蛋放入鸟巢中，并用胶粘牢固定。

难度等级：★★★★☆

变幻的柳枝

花艺设计 / 纳丁·范·阿克

材料 Flowers & Equipments

剥皮的和未剥皮的柳树枝条、剑叶沿阶草、紫色银莲花、白色水仙、鲑红色花毛茛
1个环保可降解的花泥盘、金属框架、铁丝、玻璃鲜花营养管

步骤 How to make

① 按照织巢鸟（一类会使用草和其他东西编织巢穴的鸟）所筑巢穴的式样焊接一个金属框架，并预留出两个洞口。将环保可降解的花泥盘浸湿后放入金属框架中间，并用铁丝绑扎固定。用细柳条沿着框架编织，最后再将沿阶草缠绕在框架四周，直至打造出理想的鸟巢造型。
② 从预留出的洞口处插入花枝，将鲜花茎枝的末端牢牢地插入花泥中。
③ 将白色水仙花插入玻璃鲜花营养管中，然后随意放置在鸟巢外，用铁丝将玻璃管绑扎固定。

难度等级：★★★☆☆

孕育蓝色繁花

花艺设计 / 莫尼克·范登·贝尔赫

步骤 How to make

① 将铜丝网制作成鸟巢形，然后将其喷涂成白色。将麻纤维织带松散地在铜丝网网格之间穿插编织，直至打造出一个通透的球形鸟巢架构。将钉子钉在木块上，然后选取几个不同的点位，将鸟巢架构固定在木块上。将整个架构外表面均喷涂成白色。用手托住花泥盘，让花泥缓慢吸水湿润，不要让整块花泥完全浸泡在水中。

② 将花泥盘放入架构中，然后插入各式鲜花，让所有插入的鲜花与球形鸟巢完美地融为一体。最后点缀一些蓝色细铁丝（用喷胶喷涂细铁丝表面以便定型），并随意搭放几枝竹节蓼干枝条。

材料 Flowers & Equipments

蓝星花、东方嚏根草、淡绿色欧洲荚蒾、勿忘草、竹节蓼
麻纤维织带、铜丝网、铁丝、白色喷绘涂料、木块、带底盘花泥

盛开在啤酒花巢中的翠雀花

花艺设计／苏伦·范·莱尔

难度等级： ★★☆☆☆

材料 Flowers & Equipments
翠雀、啤酒花卷须枝条、苔藓、塑料薄膜、铁丝、剪刀、金属环

步骤 How to make

① 取一个金属圆环或自己动手弯制一个金属环。将铁丝绑扎在金属环内并相互连接，打造出基础框架，以此为基础将啤酒花卷须枝条穿插编织。去掉啤酒花枝条上的叶片，将枝条在绑扎铁丝之间穿插缠绕，编造出线条流畅的圆形鸟巢架构。

② 在架构底部先铺上一层塑料膜，然后再铺上苔藓，并将翠雀花盆栽放入其中。

难度等级：★★★☆☆

玫瑰间的倾诉

花艺设计 / 巴特·范·迪登

材料 *Flowers & Equipments*

淡黄—绿色玫瑰，淡粉—白色玫瑰、
大麻纤维
不锈钢碗（直径分别为20cm和36cm）、
球径15cm的球形花泥、木棍、手工纸、
壁纸胶、蜡、原色毛毡、大麻纤维

步骤 *How to make*

① 将手工纸糊在一大一小两个不锈钢碗的表面，按照不锈钢碗的外形制作出两个纸碗。放置晾干，然后取下已经定形的纸碗。将蜡液涂抹在纸碗表面，多涂几层，让纸碗表面覆盖厚厚的一层蜡。蜡层不仅能够确保纸碗具有较好的防水性，而且还提高了纸碗的强度。取两个球形花泥，将两根棍子横向插入花泥中，并穿过花泥，这样就可以将两根小木棍架在纸碗边沿，让球体保持停留在碗中央。

② 用原色毛毡将花泥球底部覆盖。尺寸大的花泥球放置在较大的纸碗内，并插入淡粉—白色玫瑰，同时加入一扎淡黄—绿色玫瑰。尺寸较小的碗中，仅使用淡黄—绿色玫瑰来装扮。最后加入浸过蜡的大麻纤维，用它们将两个形态不同的花碗联系起来。让搭放在大碗上的纤维丝一直延伸至小碗，宛如它们在互相拥抱。

难度等级：★★★★☆

迷人的胡迪尼玫瑰

花艺设计／赫尔曼·范·迪南特

材料 *Flowers & Equipments*

蓝羊茅、胡迪尼玫瑰、冬青浆果
花束花托（带花泥）、金属线、喷胶、喷漆

步骤 *How to make*

环绕花束花托打造出一个圆盘状结构。用绿色喷漆上色，将整个架构装扮得更加自然。接下来用喷胶喷涂在基座表面，然后将蓝羊茅草环绕基座粘贴。把玫瑰插入花泥中。最后再插上几枝冬青浆果作为点缀。

难度等级：★★★★☆

玉兰花守护鸟巢

花艺设计 / 简·德瑞德

材料 *Flowers & Equipments*

覆盖着青苔的落叶松枝条、松萝凤梨、二乔玉兰、支撑用粗壮树枝
展示支架、心形花泥、鲜花营养管、卷轴铁丝、U形钉、胶枪

步骤 *How to make*

① 将一根粗壮的树枝插放在展示支架上。用落叶松枝条打造出一个心形鸟巢状架构。接下来根据鸟巢的大小切割出一块花泥，用松萝凤梨枝条将花泥包裹覆盖，并用卷轴铁丝绑牢固定。

② 首先用U形钉将装饰好的花泥块固定在鸟巢中，然后用胶枪粘牢，以此为插花基座，将整个架构装饰得更加丰满。在鸟巢状架构上留出一个敞口，然后放入几只鹌鹑蛋，并用胶枪粘牢。

③ 将心形鸟巢整体放置在粗树枝之间的枝杈处。取几朵玉兰花插入鲜花营养管中，然后直接放入落叶松枝条间。

难度等级：★★★★★

繁花挤满自制"蛋巢"

花艺设计 / 凯西·康勒

材料 Flowers & Equipments

玫瑰红色花毛茛、玫瑰红色绣球、粉红色玫瑰、多花素馨、玫瑰红色矾根、绵毛水苏
蛋壳、纺织品硬化剂、透明薄纱、聚苯乙烯球、顶部带盖子的鲜花营养管、喷胶、花泥

步骤 How to make

① 取几只大小不同的气球，往气球里充气让其鼓起来。将透明薄纱在纺织品硬化剂中蘸一下，然后放入碎蛋壳中。静置2天，晾干。将花泥球放入蛋壳中。

② 在每个聚苯乙烯球中插入一支鲜花营养管，然后将绵毛水苏的叶片粘贴在聚苯乙烯球的外表面，将多花素馨枝条插入营养管中，装饰这些绿色小球。

难度等级：★★★☆☆

夏日爱巢

花艺设计 / 赫尔曼·范·迪南特

材料 Flowers & Equipments

橙色大丽花、黍
半个聚苯乙烯球、定位针和夹子、木签、托盘、花泥、图钉、花艺专用防水胶带、毛毡

步骤 How to make

① 用旱叶百合叶片包裹覆盖聚苯乙烯球体，并用夹子和定位针固定。
② 接下来将木签倾斜插入球体底部中心区域，并固定好。用细毛毡条将木签缠绕包裹。
③ 取一只带插针的托盘，将花泥插在托盘里，然后将托盘放入球体内。固定在球体底部的木签作为整个结构的支撑脚。
④ 最后，将大丽花及黍枝插入花泥中。

难度等级：★★★★☆

温馨的枝条暖巢

花艺设计 / 苏伦·范·莱尔

步骤 *How to make*

① 将柳条剪切成长短相同的枝条段。将它们插入并穿过盘子边沿的孔洞，然后一直拉到盘子另一侧的孔洞处，插入并穿过。保持盘子中心敞开、无遮挡。
② 将环状花泥放置在盘子中央，周围摆放一些松果。将鲜花插入环状花泥中，然后将蜡烛放在中间。

材料 *Flowers & Equipments*

柳条、东方嚏根草、松果、花毛茛
边沿带孔洞的盘子、直径24cm的环状
花泥、蜡烛

完美和谐的色彩搭配

难度等级：★★★☆☆

花艺设计／汤姆·德·王尔德

材料 *Flowers & Equipments*

淡橙粉色康乃馨、蓝色和粉色风信子、蓝色飞燕草、榛树卷曲的细枝条
带插针的支架、卵形花泥、细铁丝网、木签子、鹅蛋、胶枪

步骤 *How to make*

① 将细铁丝网包裹在卵形花泥的四周以增加其强度，然后将其放入水中完全浸泡，取出插在支架上。

② 将康乃馨和飞燕草插入花泥中。将鹅蛋打碎，用胶枪将木签粘在蛋壳内侧。然后将粘着木签的碎蛋壳直接插入花泥中。将卷曲的榛树枝条的末端插入花泥中，按着整个卵形架构的外轮廓整理枝条造型。

③ 最后，将风信子花枝分成单独的小茎枝，绑在铁丝上，然后插入卵形架构中。

难度等级：★★☆☆☆

鲜花彩蛋

花艺设计 / 简·德瑞德

材料 Flowers & Equipments
香豌豆、德国鸢尾
聚苯乙烯泡沫塑料卵形块、彩色剑麻、
鹌鹑蛋蛋壳碎片、冷固胶或壁纸胶、带
托盘花泥

步骤 How to make

① 将鹌鹑蛋蛋壳碎片覆盖在聚苯乙烯泡沫塑料卵形块表面。可以用冷固胶直接将碎蛋壳粘贴在卵形块表面，也可以先将壁纸胶涂抹在整个卵形块表面，然后再将其放入盛有碎蛋壳的碗里滚几下，就像沾面包屑一样，让碎蛋壳就粘在卵形块表面。
② 接下来在卵形块上切割出一个楔形，然后将卵形块底部削平，这样这枚"蛋"就能直立起来了。
③ 将一个带托盘的花泥放入"蛋"中。接下来插入鸢尾和香豌豆。最后，用彩色剑麻装饰花枝周边。

难度等级: ★★☆☆☆

令人惊奇的刺芹

花艺设计 / 苏伦·范·莱尔

材料 *Flowers & Equipments*
刺芹、万带兰、蓝盆花、草地早熟禾开花枝条
花泥、粗铁丝、容器

步骤 *How to make*

① 将刺芹花序中间的花头去掉,仅保留周围似褶边衣领的一圈苞片,将这些苞片放置在几张报纸中间,静置几周,让其自然风干。待苞片干燥之后,将铁丝的末端弯曲成卷形,然后粘到似褶边衣领的苞片的背面。

② 将花泥塞入容器中,然后插入粘有铁丝的刺芹苞片。将蓝盆花和万带兰插入花泥中,最后,用草地早熟禾开花枝条进行点缀,渲染出夏日情调。

难度等级：★★★☆☆

小洋葱打造的春日彩蛋

花艺设计 / 简·德瑞德

材料 *Flowers & Equipments*

郁金香、欧洲七叶树（别称马栗树）、洋葱球
半个卵形聚苯乙烯泡沫塑料块、花泥、喷漆

步骤 *How to make*

① 将半个卵形聚苯乙烯泡沫塑料块的外表面涂上喜欢的颜色。如果你选择的颜色接近洋葱球的颜色，就无需将泡沫塑料块外表面全部涂上颜色。用定位针或胶水将洋葱球粘贴在卵形泡沫塑料块的外表面，将其完全覆盖住。将花泥塞入卵形底座内。

② 你既可以增加底座的重量，也可以将底座的底部切平，以保证卵形底座能够稳定放置。接下来将欧洲七叶树枝条插入卵形底座的一侧。

③ 接下来插入法国郁金香，记住这些花枝一定会向光生长，所以你可以将枝条放置得更趋于水平。最后用苔藓将卵形底座内的空隙填满。

难度等级：★★★★☆

花毛茛彩蛋

花艺设计 / 伊凡·波尔曼

材料 *Flowers & Equipments*
山茱萸枝条、各种颜色的花毛茛、鲜花营养管、铁艺支架、鹌鹑蛋、冷固胶、卷轴铁丝

步骤 *How to make*

① 用山茱萸枝条绑扎成卵形架构，将枝条间的主要连接点用铁丝绑扎牢固。将制作好的架构放置在铁制支座上。

② 将花毛茛枝条插入鲜花营养管中，然后用别针固定在架构间。用胶将鹌鹑蛋粘在花丛中。

难度等级：★★★★☆

通透的卵形架构

花艺设计 / 约翰·范斯泰恩基斯特

材料 Flowers & Equipments

绿－粉色绣球、欧洲荚蒾、榆树、五叶地锦、堇菜、花毛茛、淡黄绿色康乃馨、粉色郁金香、浅橙色玫瑰
直径23cm的小花束用花泥块、修剪整齐的直径40cm的干草花环

步骤 How to make

① 将榆树枝条松散地插入花泥中，以便接下来可以将鲜切花花枝直接插放在这些枝条之间。
② 将干草花环放置的花泥底下，作为整个卵形架构的基座。用五叶地锦的卷须枝条将整个架构完全围拢起来。

难度等级：★★★★★

巨蛋

花艺设计 / 娜塔莉亚·萨卡洛娃

材料 *Flowers & Equipments*
欧洲荚蒾、洋甘菊、花毛茛、散枝香石竹、绣线菊
彩色叶脉叶、壁纸胶、一只气球、花泥、塑料薄膜、金属夹子

步骤 *How to make*

① 首先，根据叶片尺寸大小将叶脉叶分组。选择中等大小的叶片，备用。
② 将气球吹鼓，然后将叶脉叶一片一片地粘贴在气球表面，粘贴时要按着气球的椭圆形轮廓粘贴。留出一个足够大的未粘贴叶片的空间，以便放置花泥。
③ 叶片粘贴操作应精细，注意保持叶片密度，选用高质量的胶水，以确保制作出的基座坚固结实。
④ 粘贴完成后，放置至少 48 小时，让其充分干燥。不要直接放在阳光下暴晒（因为有些胶水经暴晒后会变黑）。
⑤ 将气球放气并小心取出。蛋形基座制作完成，接下来就可以用鲜花对基座进行装饰了。
⑥ 根据预留空间的大小，切割出一块花泥。
⑦ 将花泥浸入水中，然后取出并用保鲜膜将其完全覆盖，确保花泥任何部位都不会直接接触到蛋形基座的内壁。
⑧ 将鲜花插入花泥中，然后插入几枝绣线菊枝条作为点缀。

圆锥 & 圆柱
Cone & Cylinder

材料 *Flowers & Equipments*

白杨树叶片、红色非洲菊、红色玫瑰

聚苯乙烯泡沫塑料圆锥体、环状花泥、三个尺寸不同的聚苯乙烯泡沫塑料花环、细绳、圣诞主题小摆件、毛毡

难度等级：★☆☆☆☆

红白相间的圣诞彩树

花艺设计 / 莫尼克·范登·贝尔赫

步骤 *How to make*

① 将白杨树叶片平铺在聚苯乙烯泡沫塑料花环的表面。将红色毛毡和原木色毛毡覆盖在花环侧边。用白杨树叶片装饰聚苯乙烯泡沫塑料圆锥体。用细绳将各式圣诞小装饰物悬挂起来。

② 用红色毛毡裁剪出若干小叶片形毛毡片，同样用细绳将它们悬挂起来。将装饰好的聚苯乙烯泡沫塑料花环叠放在一起，将环状花泥放置在最上面。

③ 将装饰好的圆锥体放置在环状花泥上面。

④ 用水将花泥浸湿后，将鲜花插入花泥中，露出白杨树叶片那黑色的干边，然后用黄栌花将之间的空隙填满。将用细绳串好的圣诞小装饰品、叶片形毛毡片以及零散的白杨树叶片从圆锥体顶部向下垂下。

难度等级：★★★★☆

色彩斑斓的金字塔

花艺设计 / 盖特·帕蒂

材料 *Flowers & Equipments*

红瑞木、地中海荚蒾、万带兰、2个金字塔形聚苯乙烯泡沫塑料、带托盘的方形花泥、各色毛线、装饰性定位针、绑扎铁丝、带插针的底座、胶枪、

步骤 How to make

1. 将花泥托盘喷涂成黑色。用热熔胶将毛线覆盖在托盘边缘。将一个金字塔形聚苯乙烯泡沫塑料块倒放插入金属插针上，然后将各色毛线缠绕在泡沫塑料块外表面，并用胶水粘牢固定。选取不同颜色的毛线，打造出色彩渐变的效果。将方形的带托盘花泥放置在这个倒立金字塔的上面，并固定好，然后再放上第二个金字塔形聚苯乙烯泡沫塑料块。

2. 将地中海荚蒾的浆果插满花泥，然后用红瑞木枝条制作出若干正方形枝条框。用漂亮的定位针将这些枝条框随意固定在整个架构的外表面，最后将几枝万带兰花朵插入鲜花营养管中，然后固定在架构上。

用花球和毛毡圆盘制作而成的圣诞树

难度等级：★★★☆☆

花艺设计／盖特·帕蒂

步骤 How to make

① 用锯将木块加工成三角形，并用螺丝将其固定至底座上。将三个小木架固定在三角形木块上。将三角形基座和底座漆成适宜的颜色。

② 将毛毡剪成条状。将毛毡条卷起来并用别针固定，制成小毛毡圆盘。用胶水将制作好的小毛毡圆盘粘在三角形基座上。

③ 剪下孤挺花的花茎，将花茎剪成若干段并放入花瓶中。让花茎段在瓶中自然地盘卷在一起。然后插入孤挺花花朵。

④ 最后加入一些圣诞树小挂件和蜡烛，整件作品完成。

材料 Flowers & Equipments

孤挺花

木架、木块、电钻、锯、螺丝、油漆、胶水、毛毡、圣诞树小挂件、鱼缸花瓶、别针、剪刀

难度等级：★★☆☆☆

悬垂的圣诞树

花艺设计 / 苏伦·范·莱尔

材料 Flowers & Equipments

银白杨枝条、银叶菊
金字塔形铁艺框架、银色铁丝、毛线、
圣诞树小彩灯、圣诞树小挂饰

步骤 How to make

① 用银色铁丝将银白杨枝条固定在框架上。观察这些枝条的自然线条，并按照其自然形态来打造出圣诞树造型。

② 将打造好的树形架构悬挂起来。挂上圣诞小彩灯以及一些小挂饰。最后在枝条上随意系上几缕长毛线，营造出一种极具特色的"冰挂效果"。

③ 最后，将几片银叶菊叶片粘在长毛线上。

难度等级：★★☆☆☆

明亮闪烁的柳枝

花艺设计 / 奥利维尔·佩特里恩

材料 Flowers & Equipments
一大一小两块木制圆盘、柳枝粗铁丝、插座和灯、绑扎铁丝

步骤 How to make

① 将插座和灯放在木制圆盘中间。将电线穿过木圆盘与插座相连，这样就可以将灯直接插在插座上了。

② 接下来在木圆盘上每隔 5cm 钻一个小孔，小孔的位置为距离木圆盘外边缘 2cm 处。

③ 将粗铁丝插入小孔中。将树枝在粗铁丝中穿插编织，每隔一段距离用绑扎铁丝将枝条捆在一起。重复这个操作步骤，直至枝条编织结构达到足够的高度，将竖直插放在木制圆盘上的粗铁丝完全遮挡起来。

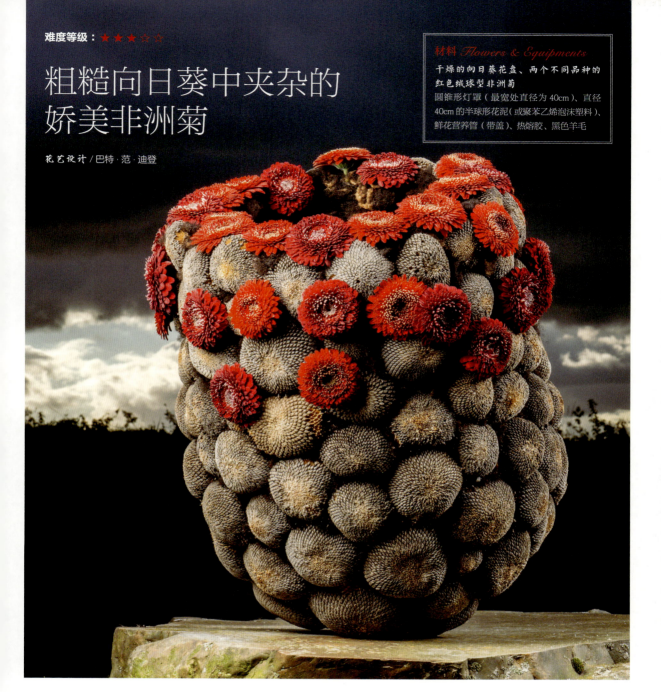

难度等级：★★★☆☆

粗糙向日葵中夹杂的娇美非洲菊

花艺设计 / 巴特·范·迪登

材料 Flowers & Equipments

干燥的向日葵花盘、两个不同品种的红色绒球型非洲菊圆锥形灯罩（最宽处直径为40cm）、直径40cm的半球形花泥（或聚苯乙烯泡沫塑料）、鲜花营养管（带盖）、热熔胶、黑色羊毛

步骤 How to make

① 用热熔胶将圆锥形灯罩与半球形花泥固定在一起。

② 将干燥的向日葵花枝的茎杆剪掉，并摘除多余的花瓣，仅保留坚固结实的花盘中间部分。

③ 挑选一些大小不一的花盘，用热熔胶将它们粘贴到制作好的造型上。从底部开始，先将个头最大的花盘粘好，然后粘贴较大的，并间或混合几个较小一点的花盘。从底部逐渐向上粘贴，直到将个头较小的花盘全部粘贴到顶部边沿上。

④ 用小刀在灯罩上切割出几个十字形的切口，用来插入鲜花营养管。用黑色羊毛将造型内部遮盖好，并将造型外表面花盘之间的空隙填满。

⑤ 绒球型非洲菊的花头中心部分与干燥的向日葵花盘外形相似，所以两者搭配在一起相得益彰。将两个不同品种的红色非洲菊插入营养管中。整个结构的中间部分插放深酒红色的非洲菊，然后用颜色略微亮一些的红色非洲菊逐渐向两侧过渡，越靠近边缘插入的红色非洲菊数量越多。

⑥ 非洲菊花枝的插放数量应有层次感。整个结构的中间只需插入一支花，越往顶部插入的花枝数量越多。在最顶部，用花枝打造出一个形态饱满的装饰花边，同时在内侧也插入几支花，呈现出更美观自然的视觉效果。

难度等级：★★★☆☆

万带兰赋予地衣柱优雅魅力

花艺设计 / 利恩·罗伦斯

步骤 *How to make*

① 首先，将聚苯乙烯泡沫塑料蛋糕块用胶粘在一起，制作出三个外形完全相同的"圆筒"。然后用胶枪将地衣粘贴在圆筒的外表面。通过插入几支小木棍将这三个覆盖着地衣的圆筒连接在一起。

② 将铁丝弯折，制作成夹子，将鲜花营养管放置在适宜的位置并用夹子固定，将万带兰花枝插入营养管中。

材料 *Flowers & Equipments*

地衣、白色万带兰

直径10cm的聚苯乙烯泡沫塑料蛋糕块、小木棍、铁丝、鲜花营养管、胶枪、鲜花保鲜液

难度等级：★★☆☆☆

繁花世界

花艺设计 / 斯汀·库维勒

材料 Flowers & Equipments

欧洲山毛榉干叶片、紫红色玫瑰、粉红色玫瑰、洋红色玫瑰、欧洲卫矛浆果
塑料水管、聚苯乙烯泡沫塑料半球体、玻璃钟罩、木制圆盘、胶枪

步骤 How to make

① 将塑料水管用锯刨开。在木圆盘上切开一个小凹槽，凹槽的周长应略大于切开的塑料水管底边周长。将被刨开的塑料水管垂直楔入圆盘上。
② 将聚苯乙烯泡沫塑料半球体与塑料水管粘在一起，并用花泥将粘合后的结构中的所有沟槽和空隙填满。
③ 用胶枪将欧洲山毛榉干叶片粘贴在整个结构表面，最后插入各色玫瑰以及欧洲卫矛浆果枝条。
④ 将玻璃钟罩罩在作品上。

难度等级：★★☆☆☆

在玻璃钟罩下培育

花艺设计 / 伊凡·波尔曼

材料 Flowers & Equipments

绿色阿米芹、北海道黄杨、大丽花、银杏叶、风车果、酸浆
花泥、玻璃钟罩

步骤 How to make

① 将花泥切成圆筒形，这样就可以直接将钟形罩罩在上面了。
② 将各式鲜花插入花泥中，先插大花形花枝，再插小花形的。注意花枝插放高度，确保花朵不要触碰到钟形罩的玻璃内壁。
③ 将三根小木棍垫在玻璃罩下面，这样就不会因潮湿而起雾了。

花帝 & 花灯
Curtain & Lantern

难度等级：★★☆☆☆

钢草帘幕中的夏日攀缘植物

花艺设计 / 苏伦·范·莱尔

材料 Flowers & Equipments

钢草、蓝花西番莲、白色铁线莲、倒挂金钟
扁平的矩形钢结构件、金属杆、两种粗细不同的拉菲草、原木色U形钉的钉枪、原木色泡沫粉、鲜花营养管、绿色和原木色喷绘涂料、彩色绑扎线

步骤 How to make

① 将金属杆水平固定在扁平的钢制结构件顶部。将U形钉与鲜花营养管外表面喷涂成与拉菲草相同的原木色。将拉菲草绕在金属杆上并垂下，用U形钉定位固定，打造出一个呈四边形的拉菲草帘，让其最底边按一定角度倾斜。用U形钉将草帘固定牢固。取一些钢草，按以上步骤重复操作。

② 将彩色泡沫粉填入鲜花营养管中，同时加入水，然后将营养管绑在金属杆上并悬垂下来。将花枝插入营养管中。

难度等级：★★★☆☆

大豕草茎杆垂帘

花艺设计 / 莫尼克·范登·贝尔赫

步骤 How to make

① 用线锯将大豕草茎杆切割成小段。在这些中空的茎杆小圆盘上钻孔，然后用银色铁丝穿过小孔将这些茎杆小圆盘串起来。
② 挑选一根外形漂亮的树枝，以便将制作好的拉花悬挂起来。
③ 在悬挂拉花之前，应先用纸包铁丝将鲜花营养管缠绕包好。
④ 在由大豕草茎杆段串成的拉花上随意选择几处，系上鲜花营养管，然后将水注入营养管中。
⑤ 将长长的电灯花枝条插入营养管中，并让其自然垂下，与大豕草茎杆拉花保持平行。将鲜花分散点缀于整个垂帘中。

材料 Flowers & Equipments

电灯花、切割成小块的干燥的大豕草茎杆、2种不同品种的铁线莲、蓝盆花、唐松草、广布野豌豆枝条
带有金属切削刀片的线锯 / 钢锯、银色铁丝、鲜花营养管、纸包铁丝

难度等级：★★★☆☆

清新的白色与黄色夏日美景

花艺设计 / 夏琳·伯纳德

步骤 How to make

① 将柳树枝切成小木块，并在木块中心打一个小孔。用金属丝将小木块串起来制作成拉花，并将这些拉花一端固定在树枝上，然后让其自然垂下。拉花一直垂到地面，在每条拉花的末端处将串制拉花的金属丝缠绕在一根小木棍上，然后将这根小木棍固定在草坪上。

② 将鲜花营养管系在金属丝上，然后将鲜花和藤蔓枝条插入营养管中。

材料 Flowers & Equipments

大波斯菊、旱金莲叶片与花朵、具柄向日葵、旋花、马兜铃藤条、柳树枝条
金属丝、透明的鲜花营养管、木棍

难度等级：★☆☆☆☆

螺纹花串

花艺设计 / 迪尔克·德·格德

步骤 How to make

① 挑选三种颜色和形态各不相同但搭配和谐的花材。将它们按花形大小分组，并去掉花茎。
② 取一段长铝线，将花朵依次穿入，直至打造出一串形态优美的花环。
③ 将每串花环末端的铝线弯制成一个挂钩，通过挂钩将花环固定、悬挂。

材料 Flowers & Equipments

非洲菊、洋桔梗、玫瑰果枝条
铝线

难度等级：★★★☆☆

花景摇曳

花艺设计 / 野田晴子

步骤 How to make

① 用胶枪将胶喷涂在小花泥球表面，制作成迷你透明的灯罩造型。待胶水晾干后，将定形的灯罩从小花泥球表面取下。用透明的线绳小心地将瓷制小叶片、透明灯罩以及鲜花营养管串在一起并悬挂起来。
② 将线绳系在树枝上。
③ 将鲜花插入营养管中。

材料 Flowers & Equipments

旱金莲叶片和花朵
瓷制小叶片、鲜花营养管、透明线绳、胶枪、小号花泥球

难度等级：★★★☆☆

复古花灯

花艺设计 / 莫尼克·范登·贝尔赫

步骤 *How to make*

① 将一个十字型梁和一个横梁焊接到最大的圆环上，以便将圆环悬挂起来。
② 用拉菲草将两个圆环分别缠绕包裹。放在内圈的圆环（尺寸最小的那个圆环）用天然纤维或白色绳子呈十字交叉状缠绕，打造出格架造型。这个格架用来将焊接在大圆环底部的十字型横梁固定住。
③ 将两个环状花泥与格架连接在一起，一个固定在格架上方，一个固定在下方。
④ 应事先将环状花泥浸湿。将布条以长圈环的样式悬挂在最外侧的圆环上。
⑤ 将泻根卷须枝条插入放在顶部的环状花泥中，任其自然垂落下来。
⑥ 将其余的花材分别插入两个环状花泥中。让翠雀花枝垂直倒挂。将旱金莲花枝插放在鲜花营养管中，然后用几乎不可见的细铁丝将其悬挂于花枝之间。

材料 *Flowers & Equipments*

翠雀、乳黄色玫瑰、香豌豆、旱金莲、泻根、万寿菊、茴香、洋甘菊
2个金属圆环、拉菲草、白色绳子/天然纤维、白色纺织布条、2个环状花泥

难度等级：★★★☆☆

亮黄色与红色

花艺设计 / 奥黛丽·加蒂诺

步骤 How to make

① 用花艺专用绿胶带缠绕包裹粗铁丝，然后打造出一个枝形吊灯型架构。
② 用沙果和红瑞木小树枝制作拉花，然后用铁丝将拉花固定在吊灯型架构上。
③ 用鱼线将玫瑰花瓣串在一起，然后挂在枝形吊灯上。将小玻璃水管系在鱼线上，将兰花插入水管中，然后挂到吊灯上。
④ 在枝形吊灯的基座部位，放上一些文竹和火棘枝条。

材料 Flowers & Equipments

火棘、橙色玫瑰、橙色万带兰、沙果、红瑞木枝条、文竹
粗铁丝、黄铜丝、鱼线、细绳、玻璃水管、花艺专用绿胶带、花艺刀、剪钳、钳子

难度等级：★★★☆☆

银杏叶与唐菖蒲的协奏曲

花艺设计 / 苏伦·范·莱尔

材料 *Flowers & Equipments*
银杏树叶片、唐菖蒲、山茱萸枝条
卷轴铁丝

步骤 *How to make*

① 用绿色山茱萸枝条编制架构。先将枝条弯曲，围成一个圆形，然后在此基础上添加更多的枝条。将所有枝条编织在一起，打造出理想的造型。将打造好的架构悬挂在花园中，亦或是其他某处富有情趣的地方。

② 将卷轴铁丝系在银杏叶叶柄上以及唐菖蒲花朵的花柄上，制作成一串串拉花。将这些拉花系在架构中间，让其自然垂下，最后系上一些植株卷须细枝条作为装饰。

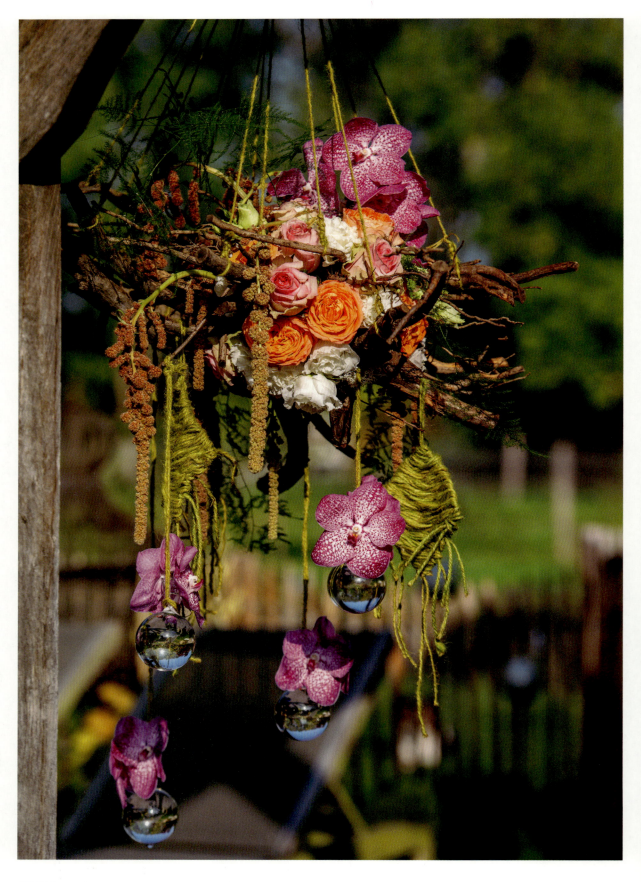

难度等级：★★★☆☆

夏日之光花冠

花艺设计 / 玛丽亚·索菲亚·塔瓦雷斯 & 马克·诺埃

材料 Flowers & Equipments
玫红色万带兰、珊瑚红色尾穗苋、粉色玫瑰、橙色玫瑰、菊花、文竹小树桩、园艺专用绳、圆形小玻璃瓶、细铁丝网、花泥、绑扎带

步骤 How to make

① 在小树桩架构上固定几根绳子，以便可以悬挂起来。用绑扎带将浸湿的花泥绑在木桩上。
② 将细铁丝网覆盖在湿花泥表面，让架构更为结实坚固。将各式鲜花插入花泥，打造出令人愉悦的花艺作品。
③ 最后，用绳子将盛有水、插有兰花的圆形小玻璃瓶悬挂起来。

难度等级：★★★☆☆

枝型竹筒吊灯

花艺设计 / 夏琳·伯纳德

材料 Flowers & Equipments

绒球形大丽花、翠菊、淡黄色玫瑰、洋桔梗、绣球、四车轴草、野胡萝卜、美洲商陆、粉绿竹
胶合板薄片、绑扎铁丝、亚麻线、粉色缝纫棉线、各种颜色的吸量管

步骤 How to make

① 将胶合板薄片卷起来，并用绑扎铁丝固定，打造出枝形吊灯的基座架构。
② 在整个架构上至少选取3处，用绑扎铁丝紧固，加固的点位应均匀分布于整圈基座上。
③ 将竹竿切割成小段竹筒，每根小竹筒上都应有一个竹结。将吸量管插入每根小竹筒中。用亚麻线将小竹筒系在吊灯形架构上，然后将花枝插入吸量管中。
④ 最后，将粉色棉线钩在小竹筒上，让这些细线自然随意地悬垂下来。

花毯 & 花球
Tapestry & Flower Ball

难度等级：★★★☆☆

蓝蝴蝶

花艺设计 / 玛丽亚·索菲亚·塔瓦雷斯 & 马克·诺埃尔

材料 *Flowers & Equipments*
露兜树叶片、翠雀、苔藓
花泥板、石板、细水管、装饰定位针

步骤 *How to make*

① 将石板砸成小碎片。将它们插入干花泥中,打造出似一对翅膀般的造型。
② 在干花泥剩余的空白表面上铺上苔藓。
③ 将露兜树叶片修剪成长条状,然后覆盖在花泥四周,并用装饰定位针固定。
④ 将小水管插入翅膀造型之间,然后将翠雀花插入水管中。

难度等级：★★★☆☆

柔和的色彩与花材

花艺设计 / 简·德瑞德

材料 *Flowers & Equipments*

绵毛水苏、西澳蜡花（又名蜡花、淘金彩梅）、乳白色－粉边玫瑰桌花用花泥盒、聚苯乙烯泡沫塑料块、小木棒

步骤 *How to make*

① 将聚苯乙烯泡沫塑料块切割成矩形。再将矩形块切成两半,将花泥盒放在两个矩形块之间,然后通过小木棒将它们连接在一起。挑选一些外形美观的绵毛水苏叶片,将叶片固定在矩形块的外表面,叶片之间交错叠放,形成漂亮的图案。将大花玫瑰插入花泥盒中。

② 将玫瑰插满整个花泥盒,空隙处用西澳蜡花填满。将两个瓮形小壶放置在装饰着绵毛水苏叶片的位置。

难度等级：★★☆☆☆

绣球花和兰花的拼图挂毯

花艺设计 / 简·德瑞德

步骤 How to make

① 将花泥板裁切成所需的形状。用U形钉和铁丝将花泥板固定在框架上。用双面胶将毛毡粘贴覆盖在花泥板的侧边。

② 先将各色绣球花插入花泥板中，然后插入迷你大花蕙兰，勾画出想要的线条。最后楔入一些冬青枝条，也可用胶将这些小枝条粘在花丛中，为整块挂毯增添几分趣味性。

材料 Flowers & Equipments

淡绿色绣球、蓝紫色绣球、紫色绣球、紫粉色绣球、万带兰、大花蕙兰、北美冬青
金属框架、带框架的花泥板、毛毡、U形钉、铁丝、双面胶、冷固胶

难度等级: ★★☆☆☆

阳光明媚的秋色地毯

花艺设计 / 伊凡·波尔曼

> **材料** *Flowers & Equipments*
>
> 南瓜、观赏南瓜、酸浆、不同品种的玫瑰果枝条、日本紫珠、常春藤、欧洲女贞浆果、欧洲山毛榉干枝条
>
> 尺寸约为 0.60 m × 1.20 m 的框架、细铁丝网、苔藓

步骤 *How to make*

① 用木头制作一个框架,将铁丝网覆盖在上面,并绑紧固定。
② 将苔藓铺放在铁丝网上。将各式瓜果、浆果枝条以及叶片等放置在苔藓上。

难度等级：★★★☆☆

玫瑰果的蒙太奇

花艺设计 / 戴维 范·里特

材料 *Flowers & Equipments*
玫瑰果、桉树叶
聚苯乙烯泡沫塑料板、带插针的金属底座、花泥、花艺定位针、花艺小刀

步骤 *How to make*

① 将聚苯乙烯泡沫塑料板裁切成需要的形状和尺寸和形状，然后在板材的中间挖一个洞。将圆形干桉树叶重叠、紧密地排列在板材表面，将整块板材完全覆盖，并用定位针固定。

② 将花泥塞入洞内，然后用玫瑰果完全覆盖。将制作完成的作品直接插放在金属底座上。

难度等级：★★☆☆☆

生态植物地毯

花艺设计 / 斯汀·库维勒

材料 *Flowers & Equipments*
沙果、铁线莲藤条、红玫瑰永生花
铁艺框架、胶枪

步骤 *How to make*

1. 打造一个圆形铁艺框架。将粗铁线莲藤条沿圆环盘绕，然后将一些较细的枝条穿插编织其中，直至打造出厚厚的圆形地毯状造型。
2. 将小沙果填入架构内，再用胶水将红玫瑰永生花粘贴在藤条之间。

难度等级：★★★☆☆

多姿多彩的桌旗

花艺设计 / 莫尼克·范登·贝尔赫

材料 Flowers & Equipments
芒草、淡粉色玫瑰、粉色非洲菊、欧洲板栗的果实和叶片、干燥的蕨类植物
带框架的花泥板、彩虹花泥、两种不同颜色的毛毡、原木色绳子、铁丝、粉色毛线、U形金属框

步骤 *How to make*

① 将一层薄薄的彩色花泥覆盖在花泥板的顶部（例如可选用深紫色的花泥）。
② 首先，用毛毡条将花泥板底座的侧边覆盖包裹，毛毡条的颜色应与栗子树叶片的色彩搭配协调。
③ 用铁丝将几片栗子树叶捆扎在一起，制作出若干组叶片束。
④ 将绳子和粉色毛线系在U形金属框上（U型框的两个尖锐的端头应插入花泥中），打造出桌旗两端的流苏饰边。
⑤ 将芒草粘在绳子和毛线之间。
⑥ 接下来，将一组组叶片束相互平行地插入花泥板中，然后将鲜花、蕨类枝条以及板栗填入叶片之间。
⑦ 最后，用彩色毛毡将空隙填满。

难度等级：★★☆☆☆

流苏玫瑰毯

花艺设计 / 汤姆·德·王尔德

材料 *Flowers & Equipments*
秋色叶片、各种不同品种的玫瑰果、蔷薇果、北美冬青浆果、橘红苔草
35cm 长卷轴铜线、花泥、容器、U 形钉

步骤 *How to make*

① 将花泥插放在支架上。用 U 形钉将一些秋色落叶覆盖在花泥表面。
② 将卷轴铜线剪切成适宜的长度（每段长度约为容器长度的 2 倍）。将草叶穿过铜线圈，这样一束束草叶就可以牢牢地被固定在适宜的位置。将草叶束弯曲，打造出似波浪般起伏的地毯造型，然后将其放置在容器上。
③ 将各种不同类型的玫瑰果枝条剪短，直接插入到草毯下的花泥中。

难度等级：★★★★☆

卷起的鲜花条饰

花艺设计 / 维基·万甘佩莱尔

材料 Flowers & Equipments
酒红色玫瑰、玫红色嘉兰、小玫瑰果、染成红色的沼栎树叶、扁平状苔藓、树枝细铁丝网、胶枪、树皮薄片、细纤维纸、带框架的花泥板、铁丝

步骤 How to make

① 将扁平状苔藓塞入细铁丝网上的小孔中，为花毯打造出基座。
② 在毯状基座的一端剪切出一个缺口，取一段树干插入缺口中。将位于树干顶端及底下的两段细铁丝网均直接钉于树干上。
③ 将树皮薄片和细纤维纸覆盖在整个毯状基座的表面，用胶枪粘牢固定。沿基座长度方向，用铁丝将一块花泥板（带框架的花泥板）固定在整个基座的中部位置。
④ 切出一块细长的三角形花泥，插入花枝后打造出似波浪般起伏流动的造型。用胶将染成红色的沼栎树叶粘贴在基座四周。
⑤ 插入各式鲜花，将玫瑰、玫瑰果枝条以及嘉兰插入花泥中。

难度等级：★★☆☆☆

红色玫瑰花球

花艺设计 / 利恩·罗兰斯

材料 *Flowers & Equipments*
红玫瑰
聚苯乙烯泡沫塑料球、毛毡丝带、球形花泥

步骤 *How to make*

① 取半个聚苯乙烯泡沫塑料球，将半球体底部切掉一块。用毛毡带沿垂直方向将这个泡沫塑料块缠绕包裹。

② 接下来沿水平方面用毛毡带缠绕泡沫塑料块，直至完全将泡沫塑料遮盖住。用鲜花制作一个花球，然后将花球放入装饰好的泡沫塑料块内。

难度等级：★★★☆☆

海滨之花

花艺设计 / 艾尔·乌伊尔斯泰克

材料 *Flowers & Equipments*
大丽花、玫瑰
聚苯乙烯泡沫塑料球、皱纹纸、花泥、U形钉

步骤 *How to make*

① 在聚苯乙烯泡沫塑料球体上挖出一个洞，将花泥先用保鲜薄膜包裹好，然后塞入洞中。确保保鲜薄膜略高于花泥表面。
② 将皱纹纸折成簇状，然后用U形钉固定在球体表面。
③ 确保纸张不要触碰到湿花泥。最后，将鲜花插入花泥中。

难度等级：★★★☆☆

白色羊毛球和白玫瑰花球组成的圣诞彩饰

花艺设计 / 尼科·坎特尔斯

材料 *Flowers & Equipments*
西洋梨、白玫瑰
泡沫塑料球、胶枪、毛毡、球形花泥

步骤 *How to make*

① 取几个泡沫塑料球，用毛毡将球体表面完全覆盖并固定。用几根老梨树枝条打造出架构，将毛毡球摆放在树枝之间，并用夹子固定。

② 将多头玫瑰的花枝刺入球形花泥中，花枝应排列紧密，打造出几个玫瑰花球。同样，将这几个玫瑰花球也放置在架构间，并根据需要固定。

难度等级: ★★★☆☆

岁月之珠

花艺设计 / 汤姆·费尔霍夫施塔特

步骤 *How to make*

① 将花泥球充分浸湿。在球体外围罩上一层细铁丝网,以增强花泥球的强度。将多头玫瑰的花枝和叶片剪短。用花枝和绿叶将整个花泥球完全覆盖。

② 这件创意作品所表达的含义为:你是岁月凝成的那颗明珠。

材料 *Flowers & Equipments*
小花型簇状玫瑰、绿色叶材
细叶片、球状花泥

难度等级：★★★☆☆

自制冬日花灯

花艺设计 / 内丝·科罗洛夫伊

材料 Flowers & Equipments
薰衣草、桑皮纤维、一年生缎花角果（诚实花角果）
木签、细绳、木工胶、气球

步骤 How to make

① 将干薰衣草浸泡在木工胶中，然后将其取出并均匀地粘贴在气球表面。
② 按此操作步骤，将其他材料（桑皮纤维编织绳、缎花角果、切成小碎段的木签以及细绳）粘贴在气球表面，静置，待所有材料干透。
③ 待胶水晾干后，用针轻刺气球，放气，小心地将气球从装饰好的结构中取出。
④ 在球体内安装由电池供电的LED灯串。

难度等级：★★☆☆☆

丰盛的海洋果盘

花艺设计 / 艾尔·乌伊尔斯泰克

材料 *Flowers & Equipments*
蓝盆花、万带兰、薰衣草鲜花、
薰衣草干花、芒草
花泥球和聚苯乙烯泡沫塑料球、胶水、
鲜花营养管、贝壳

步骤 How to make

① 花艺师打造出了一个夏季特色花球集萃。其中一只花泥球插满了蓝盆花。
② 另一只花泥球用观赏草叶片缠绕包裹。
③ 用胶水将贝壳和薰衣草干花的小碎花朵粘贴在聚苯乙烯泡沫塑料球外表面。
④ 将鲜花营养管插入其中一只薰衣草花球中,然后将一支漂亮的紫色万带兰插入营养管中。随意摆放了几枝新鲜的薰衣草小花枝让整体画面更富有色彩魅力。
⑤ 将所有装饰好的花球摆放在一个木制托盘上。一只可爱的小木鱼则为作品增添了一抹海洋风情。

难度等级：★★☆☆☆

色彩迸发

花艺设计 / 弗勒·德瓦尔斯基

材料 *Flowers & Equipments*

厄瓜多尔玫瑰、玫瑰果枝条、法国梧桐果、树枝框架
橙色丝带、胶枪、塑料鲜花营养管、柚木碗

步骤 *How to make*

① 将小树枝绑扎制作成球形。在其中一些细木枝上系上橙色丝带，以增添一些鲜艳的色彩。将丝带缠绕包裹在塑料鲜花营养管的外表面，注入水并插入厄瓜多尔玫瑰。最后，将玫瑰果枝条插入球体中心，让其呈喷射状散开，然后将喷涂成蓝色的法国梧桐果用胶粘贴在球体上。
② 将制作完成的作品放置在柚木碗上。

难度等级：★★☆☆☆

立在玉米叶圆柱上的菊花球

花艺设计／戴夫·范·里特

材料 *Flowers & Equipments*
干玉米叶、橙－黄色桑蒂尼菊花
带插针的金属底座、球形花泥、花艺小刀

步骤 *How to make*

① 将干玉米叶折叠起来，插入金属底座的插针上。
② 将花泥球插在插针上。用橙－黄色桑蒂尼菊花将整个球体插满。

难度等级：★★☆☆☆

旧罗盘打造的玫瑰花球

花艺设计 / 简·德瑞德

材料 Flowers & Equipments

不同品种不同颜色的玫瑰：橙色、浅橙色、橙红色、粉色、淡粉色、紫粉色
花泥、塑料盘、餐盘、绳子

步骤 How to make

① 将花泥塞满塑料盘，然后摆放在一个餐盘托架上。
② 将五颜六色的玫瑰花插入花泥中，打造成一个美观漂亮的花球。用彩绳围绕花球和托架缠绕几圈。
③ 放在托架上的这个指南针，赋予作品复古悠然的韵味。

难度等级：★★☆☆☆

绚丽缤纷的彩叶球

花艺设计 / 伊凡·波尔曼

材料 *Flowers & Equipments*

经过染色处理的欧洲栗树叶片、紫藤藤条、南蛇藤挂果枝条、玫瑰果枝条

大型铜制碗形容器、直径20~50cm的不同尺寸的聚苯乙烯泡沫塑料球、绿色塑料胶带、花泥、直定位针

步骤 How to make

① 用绿色塑料胶带缠绕包裹在聚苯乙烯泡沫塑料球表面。
② 将叶片交错贴放在球体表面，选取不同位置插入定位针，将叶片固定在球体表面。
③ 将花泥固定在碗形容器内。将装饰好的彩球放入碗中，球体之间用插入的一根结实的小木棒进行固定。
  将紫藤藤条环绕彩球整体放置，最后插入南蛇藤挂果枝条以及玫瑰果枝条。

方体
Square Script

难度等级：★★★★☆

漂浮的郁金香方块

花艺设计 / 菲利浦·巴斯

> **材料** *Flowers & Equipments*
>
> 石蕊、一叶兰、淡粉色郁金香、香豌豆、蓝星花
>
> 焊接在铁艺支架上的框架、花泥板、白色喷漆、粗铁丝发夹或德国别针、冷固胶、黑色定位针

步骤 *How to make*

① 将整个框架喷涂成白色，然后将花泥板放置在框架底部。

② 用石蕊将花泥板托盘周边覆盖，并用粗铁丝发夹或德国别针固定。可以将苔藓也喷涂成白色。将一叶兰叶片覆盖在花泥顶部，并用定位针固定。用冷固胶将叶片顶端与花泥板粘牢。

③ 插入花枝：首先插入蓝星花，然后插放香豌豆，最后放入郁金香。

难度等级：★★★★☆

从孕育到绽放

花艺设计 / 亨德里克·奥利维尔

材料 Flowers & Equipments

桦树皮、带球茎的郁金香开花植株、粉色花毛茛、西洋梨树枝 2cm 厚的绝缘泡沫块、花泥

步骤 How to make

① 将绝缘泡沫块切割成一个立方体，将顶部敞开。将切割成正方形的桦树皮粘贴在绝缘泡沫块的前面和背面。将花泥放入装饰好的方盒子里。
② 挑选一枝盛开着花朵的梨树枝条，将枝条插入盒子，让枝条看上去似乎是先进入盒子，然后再从盒子内冲出来（确保树枝完全插入花泥中）。
③ 按此方式插入郁金香植株。
④ 将粉色花毛茛添加至方块顶部。

难度等级：★★★★☆

漂浮、轻盈与通透

花艺设计 / 马丁·默森

材料 Flowers & Equipments
松针、蝴蝶兰
两个尺寸不同的铁制立方体框架、白色羽毛、珍珠、手工纸、木工胶、鱼线

步骤 How to make

① 将鱼线环绕立方体框架缠绕，反复缠绕数次。用鱼线串起珍珠并悬挂起来，一颗颗小珍珠看起来仿佛在空中盘旋。将手工纸撕成小片，然后用木工胶将这些纸片粘贴在鱼线上，但是要留出足够的空隙，这样才能确保珍珠清晰可见。
② 将蝴蝶兰花朵和羽毛粘贴在手工纸上，然后随意穿插编入一些松针。
③ 将鱼线系在装饰好的小立方体上，小心地将其悬挂于大立方体里内，看上去小立方体好像是在大立方体内漂浮着。

难度等级：★★★★☆

冲破木箱

花艺设计 / 马克·诺埃尔 &
玛丽亚·索菲亚·塔瓦雷斯

> **材料** *Flowers & Equipments*
>
> 银白杨、蝴蝶兰、欧洲山毛榉、苔藓球
> 干花泥、立方体支座、聚苯乙烯立方体、红色圣诞主题小装饰品、胶枪 + 热熔胶胶棒

步骤 *How to make*

① 用干花泥覆盖立方体支座。插入一根山毛榉树枝，然后用苔藓球将底部覆盖。

② 将银白杨树皮切成大小不一的小块，覆盖在聚苯乙烯立方体的外表面。

③ 然后将一些红色圣诞装饰物固定在山毛榉枝条上，让其中一些装饰物的敞口向上，这样就可以将蝴蝶兰花朵插进去。

难度等级：★★★☆☆

金色卷须

花艺设计 / 斯特凡·范·贝罗

材料 *Flowers & Equipments*
嘉兰、南蛇藤、万带兰
立方体铁制框架、金线、粗铁丝、电钻、铝线、玻璃小水管

步骤 *How to make*

① 用金线缠绕方形铁架。用电钻将粗铁丝用金线缠绕包裹。将铝线弯曲制作成叶片形状，并用金线缠绕包裹。
② 将这些金色的叶片与包着金线的粗铁丝固定在一起。
③ 将制作好的这些"金色卷须"放入立方体框架内。
④ 将南蛇藤藤条固定在架构内。选择插放鲜花的位置，挂上玻璃小水管，然后插入兰花。

难度等级：★★★★☆

龙血树立方体

花艺设计 / 伊冯·舍恩洛普

材料 *Flowers & Equipments*

带有蓬松种荚的铁线莲卷须枝条、染成白色的文竹、红掌、松针绑扎铁丝、缠绕着铁丝的敞口的黑色金属立方体框架、各式圣诞小装饰品、银线

步骤 *How to make*

① 选取一些龙血树枝条，用绑扎铁丝将其固定在黑色金属立方体框架上，让这些枝条将整个框架完全覆盖住。也可以使用苹果树树枝来替代。如果整个立方体架构足够大，那么可以用夹子（或者根据需要选择用胶水粘牢）将一些圣诞小装饰物固定在木树枝之间。这些被紧固在枝条上的圣诞装饰物还可以作为插放红掌花枝的小水瓶。

② 在一些圣诞小装饰物上缠绕几圈细绳，或是将细绳用胶粘贴在装饰品外周。

③ 在装饰好的架构上悬挂一条轻盈、蓬松的铁线莲种荚细枝、几根白色文竹枝条，还可以用银丝将松针系成一长串，然后挂在架构上。

④ 为了方便搬运，将制作好的整个立方体安放在一块白色木板上。

难度等级: ★★★☆☆

打开浮木箱

花艺设计 / 盖亚·科佩尔·贝斯克斯

材料 *Flowers & Equipments*

浮木、红掌、落叶松枝条
盖亚（Gea）亲手打造的创意容器——
泡泡窝（Bubbelz）

步骤 *How to make*

① 用废弃的浮木制作框架，将泡泡窝（Bubbelz）放在里面。泡泡窝（Bubbelz）是花艺师盖亚（Gea）用毛线打造的创意容器。
② 将落叶松枝条加入框架中，以渲染冬季萧瑟的气氛。将三只营养管插在泡泡窝（Bubbelz）里，然后分别插入三枝红掌，红掌花枝仿佛从一团团泡泡中冒出来，打造出富有韵律的动感效果。

难度等级：★★★☆☆

鲜花盛开的红豆杉

花艺设计 / 希尔德·维赫勒

步骤 How to make

① 选用一块装饰精美的木方块用来固定杨树树皮。将木轴与树皮卷固定在一起，然后将木轴插入木方块中。将花泥塞入杨树树皮卷的中空处，用来插入红豆杉枝条。

② 用亚麻布将鲜花营养管包裹住，然后用胶水将它们与树皮卷粘在一起。将水注入营养管中，插入万带兰花朵。最后点缀上一些圣诞小装饰品，将几只小雪球、若干颗小星星随意插放在花材之中，整件作品完成。

材料 Flowers & Equipments

杨树树皮、欧洲红豆杉、白色万带兰、亚麻

鲜花营养管、花泥、圣诞主题小装饰品、人造雪球、星形装饰品

难度等级：★★★★☆

多如牛毛的山毛榉叶片

花艺设计 / 维姆·卡勒博

步骤 *How to make*

① 用夹子和聚氨酯泡沫将绝缘板粘在一起，制作一个立方体架构。然后用混凝纸浆将整个架构覆盖包裹，打造出一个实心的立体造型，并将其外表面涂成黑色，制作成一个素色基座。将金属支架固定在立方体上，并用聚氨酯泡沫粘牢。

② 接下来，将山毛榉叶片一排一排整齐地粘贴在架构内外表面，直至整个立方体被完全覆盖。用花泥球制作出不同尺寸的圣诞小装饰球。用山毛榉叶片和LED小灯串将这些小球包裹起来，并用金线绑牢固定。

材料 *Flowers & Equipments*

欧洲山毛榉叶片

绝缘板、大号U形钉、聚氨酯泡沫塑料、混凝纸浆、黑色涂料、金属支架、定位针、花泥球、LED灯串、金线

难度等级：★★★☆☆

聚集的仙客来

花艺设计 / 戴夫·范里斯

步骤 How to make

① 将细铁丝网和塑料薄膜覆盖在金属模具表面。然后粘上双面胶，撒上薰衣草花朵。将混入薰衣草花朵的蜡液再次涂抹在金属模具表面，多涂几层，这样所有的材料就全部被薰衣草花朵遮盖起来了。将塑料小水管插入模具内（先将水注入水管后再插入）。

② 最后，将仙客来插入水管中。

材料 Flowers & Equipments

薰衣草、仙客来
金属模具、细铁丝网、塑料薄膜、双面胶带、塑料小水管、烛蜡

难度等级：★★★☆☆

绚丽的枝条框架

花艺设计 / 利兹·德·拉梅勒

材料 *Flowers & Equipments*
东方嚏根草、覆盖着青苔的胡桃树枝条
方形金属框架、绑扎线、玻璃小水管

步骤 *How to make*

① 挑选一根结实粗壮的大树枝，将它绑扎在方形框架底部的支撑点处，然后从这点向上，选取适宜的处置将其与框架绑扎在一起。将玻璃小水管固定在这根粗枝上，然后注入水，插入嚏根草花枝。

② 接下来将覆盖着青苔的树枝放置在金属框架外周，用绑扎铁丝将树枝与金属框架固定一起。

材料 Flowers & Equipments
绣线菊、花毛茛、雏菊、树莓、白珠树、长春花 冷固胶、定位针、玻璃容器、2块立方体花泥

难度等级：★★★★★

对比鲜明的树莓叶片

花艺设计 / 莫尼克·范登·贝尔赫

步骤 *How to make*

① 用叶片的背面来覆盖装饰左侧立方体。将树莓叶片粘贴覆盖在立方体表面，让叶片呈线形排列整齐，并用定位针和冷固胶固定。
② 用叶片的正面来覆盖装饰右侧立方体。将树莓叶片粘贴覆盖在立方体表面，让叶片呈线形排列整齐，并用定位针和双面胶固定。两个立方体的底面都不用覆盖叶片。
③ 让两块花泥从底面慢慢吸收水分，直至水分饱和、花泥湿润。
④ 将两块花泥放入一个矩形、大玻璃容器中。
⑤ 应先在树莓叶片上切开一个小切口，以便花茎能够直接插入花泥中，这样插放花枝就更轻松容易了。接下来，将干枯的白珠树老枝条刺入右侧的花泥中，让这些枝条向左侧自然弯曲，从右侧立方体向左侧环绕，直至将左侧立方体完全环绕。
⑥ 沿着由白珠树枝条打造出的弧线，加入漂亮迷人的绣线菊枝条，赋予作品更活泼的动感。最后，再添加几枝清新绿色的长春花卷须枝条，以增强视觉对比效果。

难度等级：★★★★☆

冬日花瓶中的清新郁金香

花艺设计 / 汤姆·德·王尔德

材料 Flowers & Equipments

白色郁金香、黑嚏根草、欧洲荚蒾、落叶松挂果老枝条、枯萎的芒草、大块树皮

绿色立方体花泥、两个带插针的直立支架、玻璃鲜花营养管

步骤 How to make

① 将树皮切割成小块，然后将其覆盖住立方体花泥表面的大部分，并用胶枪粘牢固定。

② 将装饰好的花泥块插入插针中。将玻璃鲜花营养管从顶部推入立方体花泥中。同时将干枯的芒草垂直插入干花泥中。将水注入营养管中，然后插入鲜花。

③ 将松树枝粘在树皮上。

难度等级：★★★☆☆

清新荚蒾对阵干苔藓

花艺设计 / 伊凡·波尔曼

步骤 How to make

① 用胶枪将苔藓粘在干花泥表面。
② 将另一块立方体花泥浸湿，然后插入欧洲荚蒾花枝。
③ 用夹子将造型美观的树枝固定在容器上作为架构。将覆盖着苔藓的立方体放于树枝之间，并用U形钉固定。同样，将另一个插满欧洲荚蒾的立方体置于另一端的树枝之间，将其直接插放在铁艺支架上。

材料 *Flowers & Equipments*
欧洲鹅耳枥树枝、欧洲荚蒾、苔藓
立方体花泥、陶瓷容器

难度等级：★★★☆☆

创意花礼

花艺设计 / 丽塔·范·甘斯贝克

材料 *Flowers & Equipments*

灯心草、香蒲、菊蒿、淡黄色蝴蝶兰、翡翠珠

彩色丝带、双面胶胶带、蓝－绿色毛线、橙色和蓝－绿色花园用涂料、方形木箱（15x15cm）、冷固胶、剪刀

步骤 *How to make*

① 将一个立方体涂成橙色，另一个涂成蓝绿色。将切成小段的灯心草茎杆穿制成长条带状（宽度为4~5cm），覆盖在橙色立方体的顶面以及一个侧面。用双面胶将其固定。

② 用灯心草制作一个小装饰物（带柄杆的三角形饰品，可以用铁丝将灯心草小段茎杆串起来，并折成三角形），然后用胶粘贴在灯心草条带上。

③ 将一小束菊蒿以及一朵蝴蝶兰放置在三角形饰物的中心。

④ 在灯心草装饰周围搭放几枝翡翠珠枝条，让其自然悬垂下来，将立体方修饰得更为美观。

⑤ 用蓝色毛线缠绕在蓝色立方体表面，以这些毛线为基础，在立方体的顶面穿插编入灯心草茎杆。

⑥ 用丝带和线绳制作成彩色圆环，在立方体顶面放置一小束菊蒿，为蓝色立方体增添一抹亮丽的色彩。

小贴士：你也可以制作几个更小的盒子放置在桌面，用不同的花艺材料（例如棉花、羊毛以及手工纸组合），通过不同的形式将它们装饰得精美漂亮。

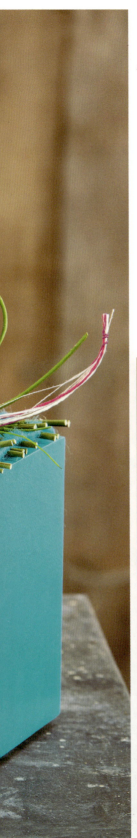

难度等级：★★★★☆

神秘的氛围

花艺设计 / 盖特·帕蒂

材料 Flowers & Equipments

布满青苔的枝条、东方嚏根草、金属框架（带金属边框的立方体）、剑麻布、鲜花营养管、粗蜡烛、圆镜子、方形木板、竹棍

步骤 How to make

① 取五片剑麻布，在每片布的中间剪一个圆洞，让每片布上的圆洞位置略微错开一点。
② 在每片剑麻布的顶部和底部分别固定一根小竹棍，然后用夹子将小竹棍夹在金属框架上，这样剑麻布就被固定在框架中了。按此操作，将五片剑麻布固定在框架中。
③ 在金属框架的底部放置一块木板，把蜡烛放置在木板上。
④ 将树枝固定在架构中，将嚏根草插入鲜花营养管中，然后放入架构。在架构的后面放上一面镜子。

难度等级：★★★☆☆

凶险与希望

花艺设计 / 温纳·克雷特

材料 *Flowers & Equipments*
垂柳枝条、欧丁香、花格贝母、德国鸢尾、香豌豆
40cm×40cm 玻璃盘、金色 / 红铜色铝线

步骤 *How to make*

① 首先将垂柳枝条剪切成长度为 30cm 的小枝条（根据玻璃托盘的高度决定小枝条适宜的长度）。另外，还需要将一根长约 150cm 的大树枝剪切出 12~15 根小枝条，以便接下来有足够数量的枝条可以绑扎成大小适宜的捆状。

② 顺着小枝条的自然弯曲，用铝线将所有小枝条连接起来。打造出一条长度为 250cm 的枝条拉花。用铝线将所有小枝条的顶部和底部连接起来。然后，将枝条拉花围拢在一起成大捆状，确保枝条捆足够大，可以刚好完全紧紧地卡在玻璃托盘里。

③ 金色的小枝条和铝线打造出美观漂亮的架构，用简洁且自然的手法将各式鲜花插入这个完美的架构中。